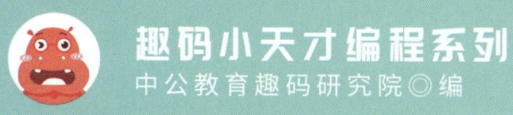

趣码小天才编程系列

中公教育趣码研究院 ◎编

- 知名机构　倾力打造
- 零基础攻克前端开发

- 生动案例　在线课程
- 趣码团队　全程指导

零基础 / 适合中小学生

HTML+CSS
趣码快乐编程

陕西新华出版传媒集团
陕西科学技术出版社
Shaanxi Science and Technology Press

西安

图书在版编目（CIP）数据

HTML+CSS趣码快乐编程／中公教育趣码研究院编．—西安：陕西科学技术出版社，2019.12

ISBN 978-7-5369-7730-3

Ⅰ．①H… Ⅱ．①中… Ⅲ．①超文本标记语言-程序设计-教材②网页制作工具-教材 Ⅳ．①TP312②TP393.092.2

中国版本图书馆CIP数据核字（2019）第276908号

HTML+CSS 趣码快乐编程
HTML+CSS Quma Kuaile Biancheng

中公教育趣码研究院　编

责任编辑	孟建民
封面设计	千秋智业图书设计中心

出 版 者	陕西新华出版传媒集团　陕西科学技术出版社
	西安市曲江新区登高路1388号　陕西新华出版传媒产业大厦B座
	电话（029）81205187　传真（029）81205155　邮编710061
	http://www.snstp.com
发 行 者	陕西新华出版传媒集团　陕西科学技术出版社
	电话（029）81205180　81206809
印　　刷	河北鹏润印刷有限公司
规　　格	787 mm×1092 mm　16开本
印　　张	15
字　　数	288千字
版　　次	2019年12月第1版
	2019年12月第1次印刷
书　　号	ISBN 978-7-5369-7730-3
定　　价	78.00元

版权所有　翻印必究

前言

很高兴你能选择本书作为学习编程的书籍，本书主要讲解前端页面的基础铺设，其内容分不同模块导入，层次分明、前后贯穿，可以让你逐步深入地学习HTML及CSS的基础知识以及运用。

你完全不用担心自己没有任何编程基础，本书适合于零基础的同学们。阅读本书，可以让你达到锻炼编程思维，提高逻辑判断能力、解决问题能力的目的，学会独立编辑设计网页。

 走进编程

编程就是人与计算机交流的一个过程，人们把自己的想法和思维转换成计算机能读懂的代码指令传输给计算机，计算机经过运行将得到的结果再反馈给人。

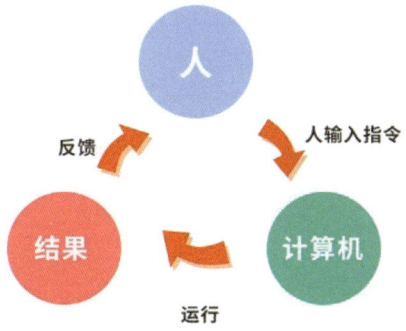

人与人交流需要使用语言，人与计算机交流一样需要语言，人与计算机交流的语言被称为计算机语言。HTML+CSS就是一种计算机语言，它主要用于搭建网站，将计算机反馈的结果（即常见的网页界面）更加直观地展现在人们的眼前。

自信学编程

如今互联网发展极其迅速，我们的生活已经离不开互联网，在互联网发展的历史中涌现出一个又一个的天才大咖,比如比尔·盖茨、马克·扎克伯格等互联网领军人物。他们从小就学习编程,培养对编程的兴趣,十几岁时就可以编写计算机程序。编程其实不难,小朋友们一样可以轻松学习编程,只要你喜欢玩,喜欢探索新奇的事物就可以学好编程!

趣学编程

编程一般很枯燥,密密麻麻的代码让人感到恐惧,幸运的是有这么一种编程语言——HTML+CSS。它的程序效果可以通过浏览器直观地显示在网页中,代码也非常易读并且层次分明,更强大的是网页上各种炫酷的特效都可以通过HTML+CSS完成。我们可以根据个人的喜好来创建各种各样绚丽的页面,这样会非常有趣!

本书特色

适合孩子的风格

本书面向青少年儿童,在风格设计方面比较活泼、生动、有趣,让孩子们像看动画一样轻松主动地学习编程!

更通俗易懂的内容

本书内容主要面向青少年儿童,因此将一些专业术语与生活中常见的事物进行类比,方便理解。同时,内容囊括HTML、CSS中主要且必要的知识点,每章内容后配有相应的二维码视频讲解,让读者学完本书能具备相应的制作实际作品的能力。

五大模块层层递进

每章节内容分不同模块逐步导入,包括知识目标:点出章节要点。指点迷津:详细介绍每一个知识点。通关秘籍:对章节重点知识进行概括总结。大显身手:通过练习对所学知识进行巩固,熟练掌握。另外,部分章节设有项目创新大通关:运用所学知识搭建真实网页。

目 录

第 1 章 · 探索HTML之美

1.1 认识第一个朋友——HTML的概念 /2
- HTML的基本概念 /2
- HTML与其他编程语言的区别 /2
- HTML的发展历程 /3
- 初识浏览器 /3

1.2 HTML的骨架结构 /5
- HTML的基本结构与语法 /5
- 编辑器的下载及使用 /7

1.3 初识标签 /14
- 双标签与单标签的基本结构 /14
- 标签之间的关系 /16
- HTML标签的语义化 /17

第 2 章 · HTML的宝藏——常用标签

2.1 排版标签 /20
- p标签 /20
- br标签 /21
- hr标签 /22
- 注释标签 /22
- 排版标签的综合运用 /23

2.2 字体标签 /26
- h系列标签 /26
- 粗体标签 /28
- 斜体标签 /29
- sup标签和sub标签 /30
- 字体标签的综合运用 /30

2.3 列表标签 /33
- 什么是列表？/34
- 无序列表标签 /34
- 有序列表标签 /37
- 自定义列表标签 /39

2.4 图形标签 /43
- 什么是图片标签？/43
- img标签的基本属性 /43
- 路径 /44
- 路径的分类 /46
- img标签的其他属性 /47

2.5 a标签 /53
- a标签的应用场景 /53
- a标签的语法 /53
- a标签的属性 /56

2.6 div标签与span标签 /58
- 网页拆分 /58
- 网页拆分原则 /59
- div标签 /60
- span标签 /63

2.7 特殊字符标签 /66
- 常用的特殊字符 /66

2.8 初识行块标签 /67
- 块级标签 /67
- 行级标签 /68
- 常见块级标签和行级标签 /68

第 3 章 · 宝藏的钥匙——CSS

3.1　认识CSS /70
- 什么是CSS？/70
- CSS的作用 /70
- CSS基础语法 /70
- CSS的引入方式 /71

3.2　CSS布局与选择器 /74
- id选择器 /74
- 字体颜色(color) /75
- CSS基础属性及常用单位 /76
- background进阶 /78
- class选择器 /83
- id与class命名规范 /85
- 外边距(margin) /85
- 内边距(padding) /89
- 边框(border)、描边(outline) /90

3.3　CSS选择器进阶 /95
- 标签选择器 /95
- 后代选择器 /96
- 群组选择器 /98
- 伪类选择器 /99
- 通配符 /101

第 4 章 · 字体与文本

4.1　字体操作属性 /106
- 字体类型(font-family) /106
- 字体大小(font-size) /106
- 字体样式(font-style) /107
- 字体粗细(font-weight) /107
- 字体属性简写(font) /108

4.2　文本操作属性 /111
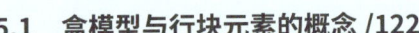
- 文本行高(line-height) /112
- 文本修饰(text-decoration) /114
- 文本首行缩进(text-indent) /115
- 文本水平对齐(text-align) /116
- 列表样式(list-style) /118

第 5 章 · 盒模型与行块元素

5.1　盒模型与行块元素的概念 /122
- 标准盒模型 /122
- 行级与块级元素的区别 /122

5.2　行块元素转换 /124
- 行块元素的转换属性 /124
- 浏览器调试台 /126

第 6 章 · 整齐的道路——表格

6.1　网页中的表格 /130
- 为什么使用表格？/130
- 表格的基本结构 /130
- 表格的基本语法 /131
- 表格的结构化 /132
- 跨列、跨行的表格 /133

6.2　表格的综合应用 /135

第 7 章 · 重要城市——表单

7.1 初识表单 /140
- 表单概述 /140
- form标签 /140

7.2 表单中的常用标签 /141
- input标签 /141
- input标签分类 /141
- 多行文本域 /143
- 下拉列表 /144
- label标签 /144

7.3 表单属性 /146
- size属性 /146
- maxlength属性 /147
- checked属性 /147
- selected属性 /147
- placeholder属性 /148
- disabled属性 /149

7.4 表单的应用 /151

第 8 章 · 大显身手——显示与隐藏

8.1 display与visibility /164
- display与visibility的概念 /164
- display与visibility的属性值 /164
- display与visibility的区别 /164

8.2 opacity（不透明度）/166
- opacity的概念 /166
- opacity的应用 /167

第 9 章 · 感受2D变换与过渡效果

9.1 transition（过渡）/170
9.2 transform（变换）/173
- 旋转(rotate) /174
- 缩放(scale) /174
- 平移(translate) /177

第 10 章 · 浮动的奥秘

10.1 认识浮动 /180
- HTML文档流介绍 /180
- 什么是浮动？/181
- 浮动属性介绍 /182

10.2 浮动的应用 /182
- 元素向左浮动 /182
- 元素向右浮动 /183
- 相邻元素含有float属性 /184

10.3 清除浮动带来的影响 /186

第 11 章 · 自由掌控——定位

11.1 认识定位 /194
- 什么是定位？/194
- 定位属性介绍 /195

11.2 定位的运用 /195
- 相对定位 /195
- 绝对定位 /196
- 固定定位 /197
- 神奇的锚点 /198
- 定位的综合运用 /199

课后习题答案/207

1.1 认识第一个朋友——HTML的概念

知识目标

1. 熟练掌握HTML的概念。
2. 理解HTML与其他编程语言的区别。
3. 了解HTML的发展及常用浏览器。

指点迷津

HTML的基本概念

● HTML（Hyper Text Markup Language），中文翻译为"**超文本标记语言**"。它是用来描述网页的一种语言（如图1-1）。我们平常看到的网页就是工程师编写的HTML文件的呈现。

HTML是构成网页文档的主要语言

图1-1　HTML文件

● "超文本"是指页面内不仅包含文本内容，还可以包含图片、链接，甚至音乐、程序等非文字元素。不仅如此，它还可以从一个文件跳转到另一个文件，功能强大。

● 一个HTML文件不仅包含文本内容，还包含一些标记（即标签，在第2章进行具体介绍），标记语言要通过浏览器帮助解析才能最终实现完美的网页效果。

● 需要大家牢记的一点是HTML文件的后缀名是".html"或者".htm"。

HTML与其他编程语言的区别

常见的计算机语言主要有三大类：编译语言、标记语言和脚本语言。

- **编译语言**：例如C、C++、Java等，它们在程序执行之前需要一个专门的编译过程，运行时直接使用编译结果即可。编译语言的优点是程序执行效率高，缺点是非常依赖编译器，跨平台性较差。
- **标记语言**：例如HTML，是一种将文本以及文本相关的其他信息结合起来，通过很多标记（标签）展现出关于文档结构和数据处理细节的电脑文字编码。标记语言的优点是可阅读性强，易于学习。
- **脚本语言**：例如JavaScript、PHP、Python等。脚本语言介于标记语言和编译语言之间，不需要编译，可以直接使用，由解释器负责解释。脚本语言比编译语言的开发速度快，但脚本语言往往不够全面。

HTML的发展历程

HTML一直处于高速发展之中，第1版超文本标记语言（并非标准）在1993年6月作为互联网工程工作小组（IETF）工作草案发布。而后经历了HTML2.0版本、HTML3.2版本、HTML4.0版本、HTML4.01版本等调整，在2014年10月28日，HTML5发布。它是W3C（万维网联盟）推荐标准，也是目前使用最广泛的版本。

初识浏览器

- 浏览器是网页运行的平台，我们平常看到的网页都是使用浏览器进行阅读的。
- 浏览器的工作原理：浏览器是HTML的解析器，解析HTML文件，然后在浏览器窗口中展示解析页面。
- 目前支持HTML5的常用浏览器（图1-2）有IE、火狐（Firefox）、谷歌（Chrome）、苹果（Safari）和欧朋（Opera）等。

图1-2　常用浏览器图标

通关秘籍

1. HTML是超文本标记语言,它不仅包含文本内容,还可以包含图片、链接、音乐等非文字元素。

2. HTML的作用是用标签来描述网页,让网页内容在浏览器中展示出来;HTML文件的后缀名是.html或者.htm。

3. 目前使用最广泛的是HTML5版本,并且仍然在不断完善中。

大显身手

编程基本功

1.(单选题)HTML是什么意思?(   )

A. 高级文本语言

B. 超文本标记语言

C. 扩展标记语言

D. 图形化标记语言

2.(单选题)浏览器对于HTML文档的作用是什么?(   )

A. 浏览器用于创建HTML文档

B. 浏览器用于查看HTML文档

C. 浏览器用于修改HTML文档

D. 浏览器用于删除HTML文档

3.(单选题)下面关于HTML说法错误的是(   )。

A. HTML是一种标记语言

B. HTML可以控制页面和内容的外观

C. HTML文档总是静态的

D. HTML文档是超文本文档

4.(简答题)请简单描述一下HTML的作用。

1.2 HTML的骨架结构

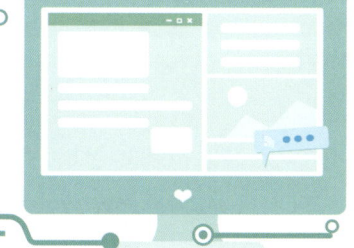

知识目标
1. 熟练掌握HTML的基本结构及语法。
2. 学会使用编辑器提高代码编写效率。

指点迷津

HTML的基本结构与语法

轻松学

生活中盖房子需要先打地基再搭建结构,编写HTML文件也要遵循同样的道理。常见的网页文件基本都由图1-3中的三对标签构成骨架结构。

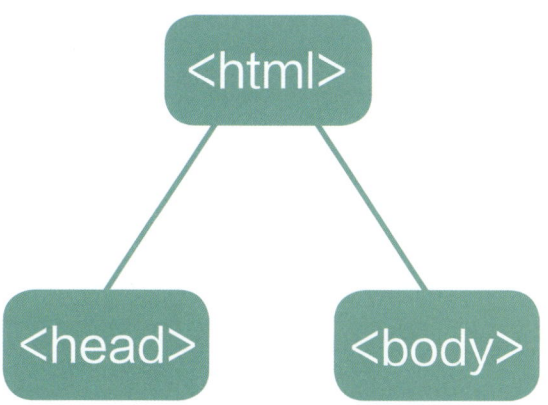

图1-3　HTML的基本结构标签

HTML的基本语法如下:

```
<html>
    <head>网页头部</head>
    <body>网页主体</body>
</html>
```

`<html>...</html>`:这对标签告诉浏览器"我是html文件",书写的代码都要放在这对标签的中间。

`<head>...</head>`：head是头部的意思，头部中提供了关于网页的信息。

`<body>...</body>`：body是身体的意思，这里是指网页的主体，在网页中展示的内容都写在这对标签的中间。

轻松练

应用HTML的基本结构，在浏览器中展示一句话："欢迎来到趣码星球！！"，并将网页的标题设置为"Hi, go code！"，如图1-4所示。

图1-4　实现效果图

思维导学

若要实现图1-4的效果，我们需要在书写代码时分4步进行：

第1步　打开记事本，保存时修改文件后缀名为.html，"保存类型"选择"所有文件"。

第2步　写出HTML的基本结构。

```
<html>
    <head></head>
    <body></body>
</html>
```

第3步　书写网页标题，网页标题需要写在head标签中。

```
<head>
    <title>Hi,go code!</title>
</head>
```

这里用到了`<title>`标签，这个标签用来设置网页的标题。

第4步　书写网页的主体内容，需要写在body标签中。

```
<body>
    欢迎来到趣码星球！！
</body>
```

最后，用浏览器打开这个文件，效果即如图1-4所示。

编辑器的下载及使用

编辑器是辅助编写代码的一种工具软件,它能较大程度地提高代码的编写效率。比如,原来需要输入十多个字母来编写代码,在编辑器中,输入两三个字母就可以完成代码的自动提示,既节约了时间,又避免了代码拼写错误等问题,降低了错误出现的频率。接下来将会介绍我们编写代码可使用的编辑器:VS Code。

VS Code编辑器的介绍

VS Code的全称是Visual Studio Code,是微软公司推出的一款免费轻量级编辑器,体积小,打开文件速度快,还可以根据需求安装各种插件。

VS Code编辑器的下载及安装方法

- 下载地址

在浏览器地址栏里输入https://code.visualstudio.com(VS Code编辑器的官方地址),进入页面后,下载区域如图1-5所示。

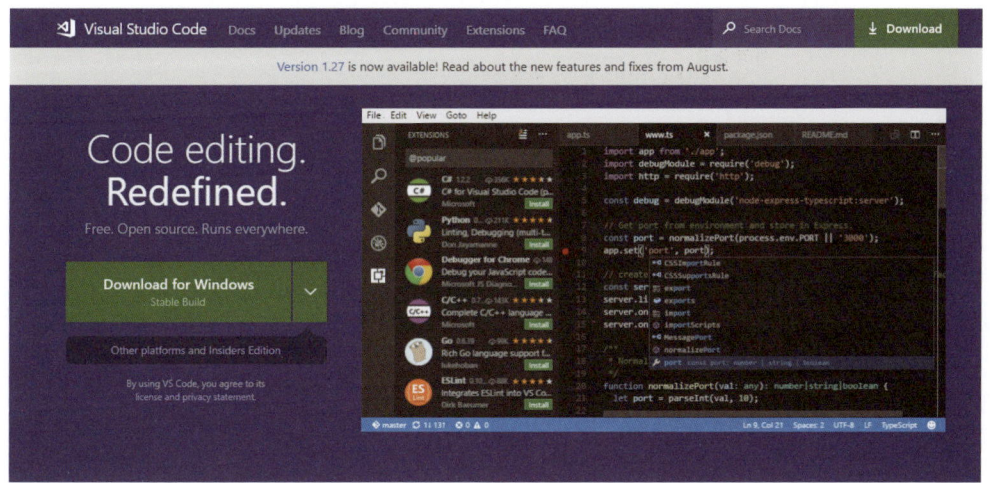

图1-5　VS Code编辑器下载页面

- 选择下载版本

单击图1-5中右上角的Download(下载按钮),便可进入下载页面,进行对应的版本选择(如图1-6),根据自己的电脑系统选择下载版本。以Windows系统为例,下载Windows版本(图1-6左侧),单击"Windows"后会弹出一个下载窗口,选择合适的存储位置后,下载即可。

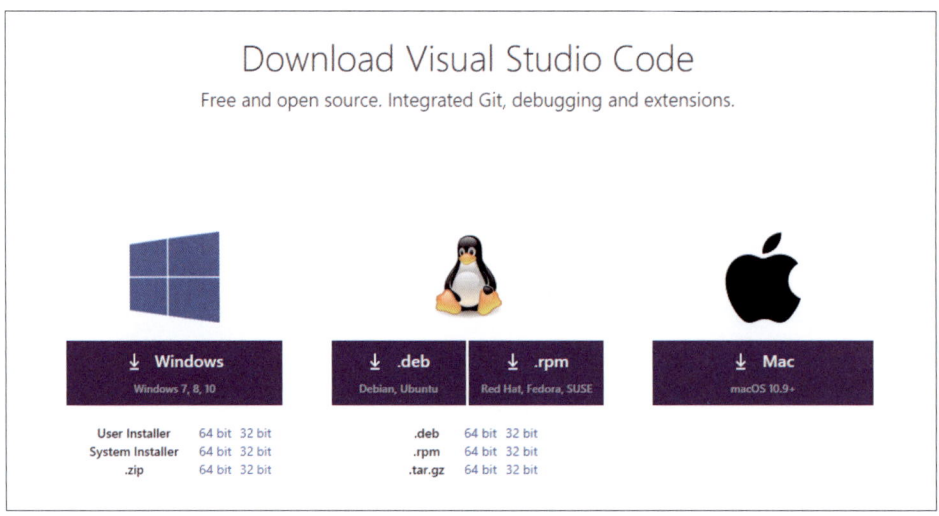

图1-6　VS Code版本选择页面

- 安装流程

下载完成后双击打开安装程序，选择"我接受协议"，如图1-7所示。

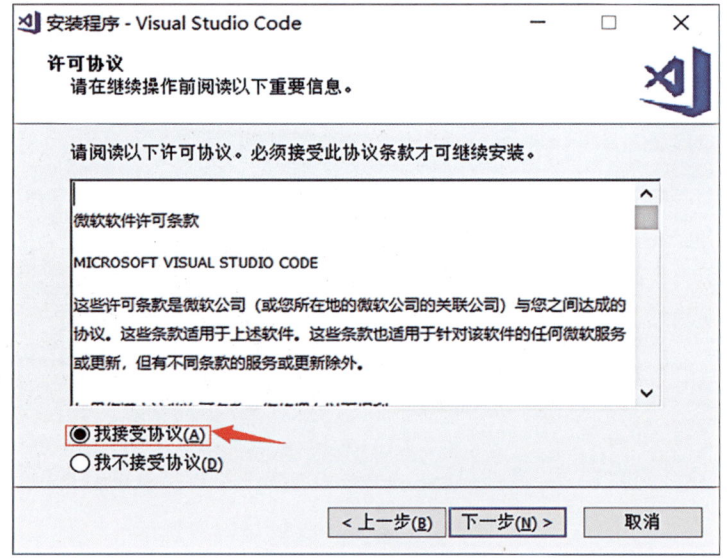

图1-7　安装步骤

接受协议后一直单击"下一步"，直到安装完毕。安装完成后桌面上会出现一个图标，如图1-8所示。

图1-8　VS Code图标

双击图标打开后出现主界面，如图1-9所示。

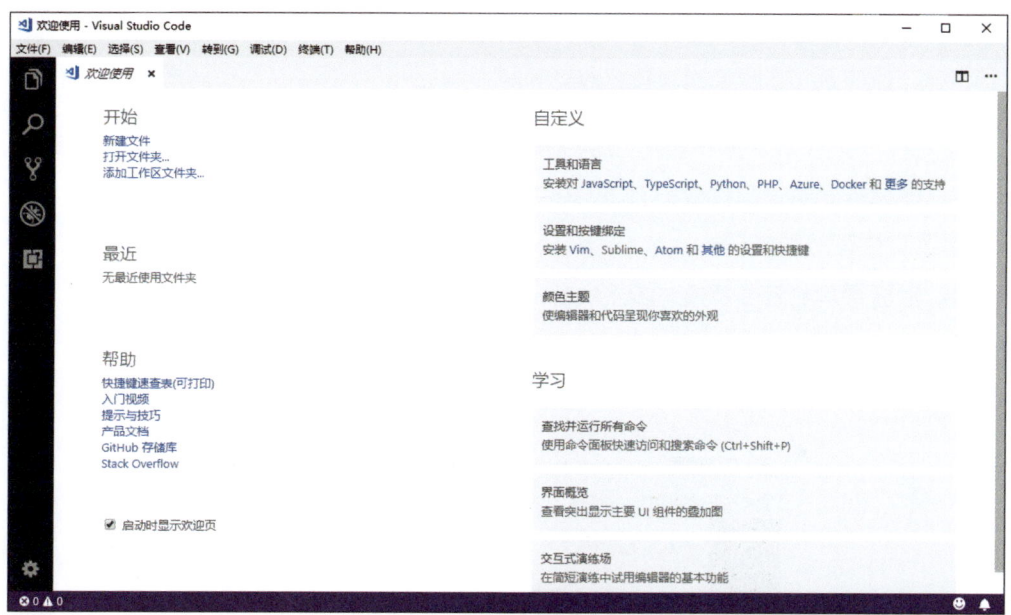

图1-9　VS Code主界面

💡 **注意**

VS Code版本在不断更新，下载安装后的界面可能存在一定差异，但基本功能一致。

VS Code的使用方法

● 单击图1-10中自定义部分红框标注的"JavaScript"和"Sublime"，安装JavaScript插件和Sublime快捷键插件。这两个插件大家一定别忘了安装，否则会影响后续操作。

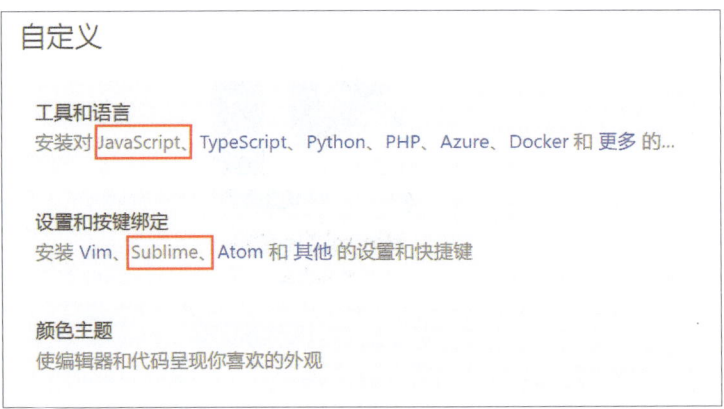

图1-10 插件安装

- 创建文件

编写HTML代码需要HTML文件，HTML文件的后缀名必须为.html或者.htm。那么，在编辑器中如何创建HTML文件呢？

创建文件有两种方式：

1. 单击菜单栏左上角的"文件"按钮，会弹出一个对话框，单击第一个"新建文件"即可创建文件。

2. 点击"开始"下的"新建文件"也可以创建文件，如图1-11所示。

图1-11 创建文件

- 保存文件

创建完成后会进入一个名为Untitled-1的空文本页面，在该页面下，按下Ctrl+S快捷键进行保存，会弹出如图1-12所示的界面，用于保存并修改文件类型。

第1章 探索HTML之美

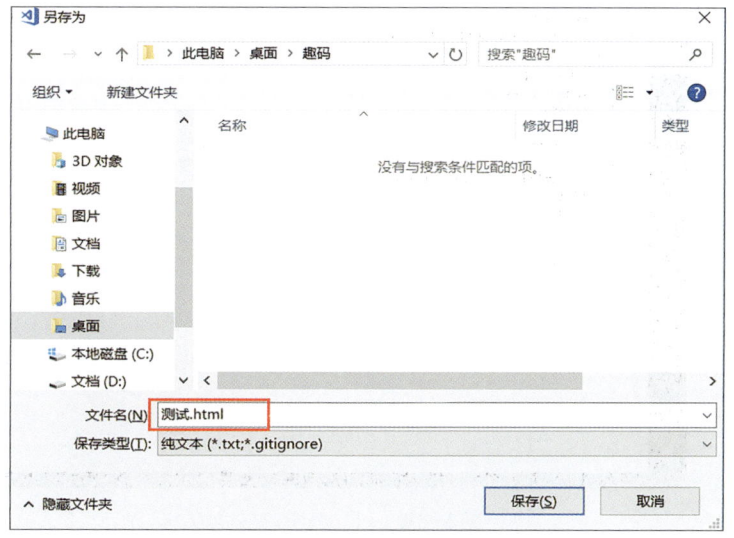

图1-12 文件类型保存

💡 注意

图1-12中的红色框是修改文件名区域,文件名最好用英文(平常的小练习、小案例可以使用中文),同时必须保证文件后缀名是.html。

● 快速生成HTML文档结构

修改完文件名后,接着在页面中输入"!"(必须是英文输入法下的感叹号,代码中禁止出现任何中文输入法标点符号),如图1-13所示。

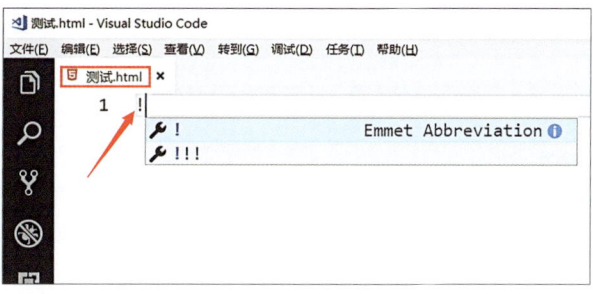

图1-13 快速生成HTML结构

在图1-13中,小红框左上角出现了一个类似数字5的图标,这就是HTML文档的标识,说明该文件是HTML文档。输入感叹号(或输入html:5)后,按下键盘上的Tab键,就会生成HTML基本文档结构,如图1-14所示。

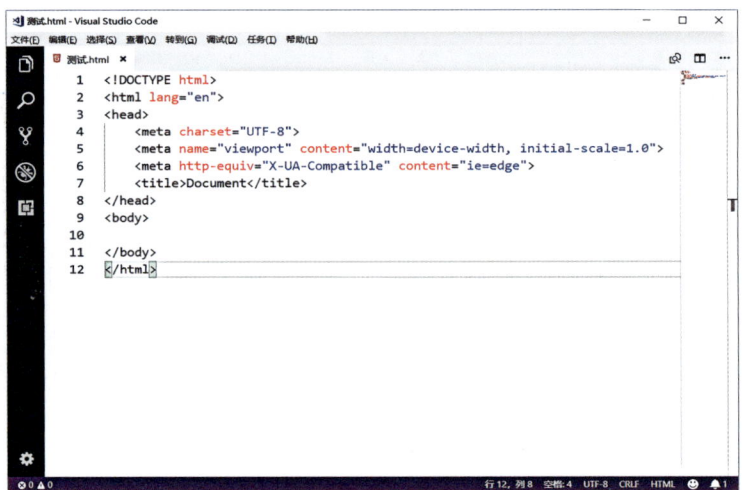

图1-14　HTML基本文档结构

以上就是VS Code创建HTML文档的所有流程。

VS Code常用快捷键

下面我们来认识一下VS Code编辑器的常用快捷键，详见下表。

VS Code编辑器的常用快捷键

常用快捷键组合	作用
Ctrl+S	快速保存
Ctrl+Z	返回上一次操作
Ctrl+Shift+S	快速复制

通关秘籍

1. body标签存放的是网页的主体内容。
2. head标签存放的是网页的头部内容。
3. title标签用来设置网页的标题。
4. 编辑器中有很多快捷键可以提高代码的编写速度。例如生成HTML的基本文档结构可以输入"!"后，再按下Tab键，也可以输入html:5再按下Tab键。

大显身手

一、编程基本功

1.（单选题）下列哪个标签用于表示HTML文档的结束？（   ）

A. </body>　　　　　　　　　　B. </html>

C. </table>　　　　　　　　　　D. </title>

2.（单选题）关于下面语句A和B，说法正确的是（   ）。

语句A：HTML文档一般都会包括"头"和"主体"两部分。

语句B：HTML文档的扩展名为.htm或.html。

A. 两句都对　　　　　　　　　　B. 两句都错

C. 只有A对　　　　　　　　　　D. 只有B对

3.（单选题）可以在下列哪个HTML元素中放置网页标题？（   ）

A. <title>　　　　　　　　　　B. <html>

C. <head>　　　　　　　　　　D. <body>

4.（多选题）使用浏览器运行下面这段代码，下列说法正确的是（   ）。

```
<html>
    <head><title>欢迎学习 HTML</title></head>
    <body>
        <h3>我的第一个 HTML 文档</h3>
    </body>
</html>
```

A. 网页的标题是"欢迎学习 HTML"

B. 网页的标题是"我的第一个HTML文档"

C. 网页的内容是"欢迎学习 HTML"

D. 网页的内容是"我的第一个HTML文档"

5.（简答题）本节你学会使用哪个编辑器？说一说如何使用编辑器生成HTML基本结构。

二、转动编程大脑

自己动手完成一个HTML页面，要求在页面中简单介绍你自己（不少于100字），并将网页标题设置为自己的名字。（样例如下）

```
<html>
    <head>
        <title>趣码星球</title>
    </head>
    <body>
        我叫小明,我今年8岁了,现在上二年级了,我的爱好是……,我最喜欢的学科是……(自我介绍内容可以自由发挥)
    </body>
</html>
```

1.3 初识标签

知识目标

1. 了解标签的定义,熟练掌握单双标签。
2. 掌握标签之间的嵌套及并列关系。

指点迷津

前面提到的<html>、<head>、<body>都是标签。标签就是放在标签符"< >"中表示某个功能的编码命令,也称为HTML标签或HTML元素。标签可以简单地分为双标签和单标签两大类。

双标签与单标签的基本结构

轻松学

● 双标签

语法:<标签名>内容</标签名>。

例如:

```
<p>世界那么大,我想去看看! </p>
```

在该语法中,左边"<标签名>"表示该标签的开始,一般称为"开始标签(start tag)";右边"</标签名>"表示该标签的结束,一般称为"结束标签(end tag)"。标签是成对出现的,和开始标签相比,结束标签只是在标签名前加了一个关闭符"/"。

💡 **注意**

大家学习完第2章常用标签之后,会发现大多数标签都是双标签(即有开始标签和结束标签)。

● 单标签

语法:<标签名/>。

单标签也称空标签,由一个标签组成。常见的单标签有
、<hr/>、<img/>、<input/>等。

轻松练

图1-15是用标签在网页中书写的一首古诗,根据本节学习的知识,判断核心代码中出现的标签哪些是单标签,哪些是双标签。

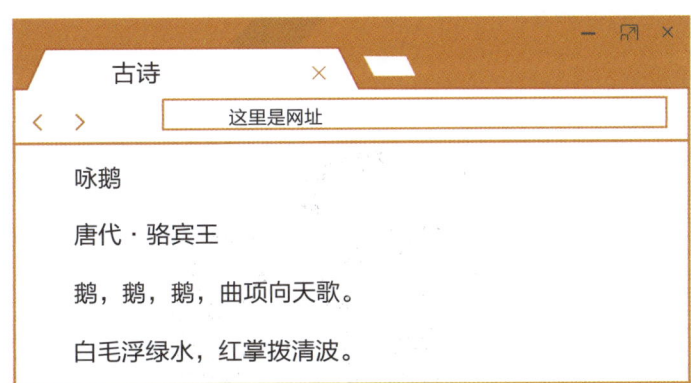

图1-15 效果图

核心代码如下:

```
<body>
    <h3>咏鹅 </h3><br/>
    <p>唐代·骆宾王 </p><br/>
    <p>鹅,鹅,鹅,曲项向天歌。</p><br/>
    <p>白毛浮绿水,红掌拨清波。</p><br/>
</body>
```

思维导学

根据标签的语法结构可以看出，body 有开始和结束标签，说明是双标签；p 标签的结构和双标签的语法结构相同，<p> 是开始标签，</p> 是结束标签，说明它也是双标签；<h3> 与 </h3> 成对，也是双标签；br 标签，从结构上可以看出，它由一个标签组成，所以为单标签。

标签之间的关系

标签与标签之间的相互关系分为 2 种：嵌套关系和并列关系。

- 嵌套关系

如下面的代码所示，<html></html> 这组标签当中嵌套了一组 <body></body> 标签，这两组标签之间形成的关系就是嵌套关系。可以理解为 html 标签是父亲，body 标签是儿子（如图 1-16），儿子和父亲的层级是不一样的。一般子级标签在书写时会有缩进，一目了然。

```
<html>
    <body></body>
</html>
```

图 1-16　标签的嵌套关系

- 并列关系

标签之间的并列关系可以理解为兄弟关系，如列举的 <head></head> 以及 <body></body> 两组标签（如图 1-17），它们都是双标签，也是同级并列关系。

```
<head></head>
<body></body>
```

图1-17 标签的并列关系

💡 注意

如果两个标签之间是嵌套关系，子元素最好缩进。如果是并列关系，标签可上下对齐，不是必须这样要求，只是为了提高代码的可阅读性。

HTML标签的语义化

工程师的思考

有两名同学，A同学写的代码结构清楚明白，大家都能看懂他写的是什么，一目了然；而B同学写的代码只有自己能看懂，其他人看起来很费劲。请问你们更喜欢哪位同学编写的代码呢？

当然，大多数同学肯定都会选择A同学。代码结构清楚、可读性强就是我们所说的"语义化"。

● HTML标签语义化的概念

标签语义化是指根据内容结构的不同，选择合适的标签放在合适的位置，便于开发者阅读，并能让浏览器更好地进行解析。

● HTML标签语义化的优点

（1）简单明了。比如p标签，它的作用是展示段落内容，段落在英文中的写法是"paragraph"，用单词的首字母来表示段落标签，非常清楚明了。

（2）语义形象。比如strong标签，strong标签会显示加粗效果，因为strong在英文中的含义为强壮，能形象地表示加粗的含义。

HTML的标签非常有意思，我们将从第2章开始了解它的神秘。

通关秘籍

1. 标签的分类有很多,但一般情况下将它分为单标签和双标签两类。双标签就像一对双胞胎形影不离,必须成对出现。

2. 标签之间的关系有2种:嵌套关系和并列关系。为了提高代码可读性,要注意代码规范,嵌套关系中子标签要缩进,并列关系的标签要对齐。

3. 标签语义化需要简单了解,在编写代码的过程中使用不同的标签来表示不同的含义,在下一章学习常用标签时会应用。

大显身手

编程基本功

1.(单选题)下列哪组标签的结构是错误的?(　　)

A.<head></head><body></body>

B.<strong><div></div></strong>

C.<head><title></head></title>

D.<body><div></div></body>

2.(单选题)以下标记符中,没有对应的结束标签的是(　　)。

A.<body>　　　B.
　　　C.<html>　　　D.<title>

3.(单选题)以下标记符中,用于设置页面标题的是(　　)。

A.<title>　　　B.<captial>　　　C.<head>　　　D.<html>

4.(简答题)请举例说明标签的嵌套关系和并列关系。

5.(简答题)根据自己的理解,请说一说标签语义化的优点有哪些。

附:本章视频讲解内容,手机扫描二维码可观看。更多精彩课程尽在www.gocode61.com趣码编程。

第 2 章

HTML 的宝藏——常用标签

2.1 排版标签

知识目标

1. 重点掌握p标签和注释标签的使用。
2. 了解br标签和hr标签。

指点迷津

p标签

p是英文单词paragraph的首字母,表示段落的意思。p标签包裹的内容默认为一个独立的段落,和平常写作文一样,整个网页可以分为若干个段落。

语法如下:

```
<p>p标签中的内容</p>
```

样例及效果图(图2-1)如下:

```
<p>我是第一个段落</p>
<p>我是第二个段落</p>
```

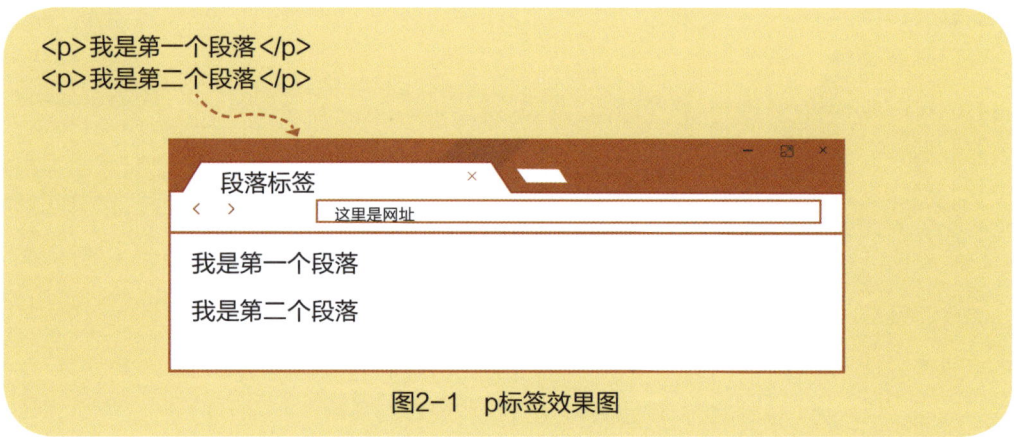

图2-1　p标签效果图

注意

默认情况下,p标签包裹的文本在一个段落中,会根据浏览器窗口的大小自动换行。

br标签

工程师的思考

在记事本或word文档里面打字，正常情况下，文本只有在一行排满了才会自动换到下一行，但是如果这段话只写了半行，想换到下一行再写，怎么办呢？

计算机中回车键表示换行，但是在HTML中强制换行按回车键无效，可以用br标签。

br是英文单词break的缩写，表示打断、换行的意思。如果希望某段文本强制换行显示，就需要使用换行标签 \<br/\>，\<br/\> 标签是一个单标签。

语法如下：

```
<br/>
```

样例及效果图（图2-2）如下：

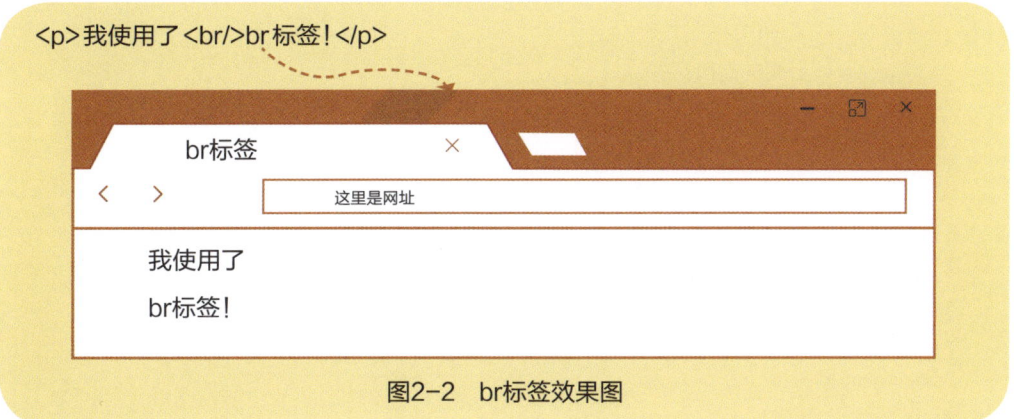

图2-2　br标签效果图

💡 **注意**

br标签可以多次使用。

HTML的作用是给文本添加语义，br标签的语义只是强制换行，并非另起一个段落。但是，在实际应用中，换行都是因为需要另起一个段落，因此br标签应该尽量减少使用。

hr标签

hr是英文单词horizontal的缩写，表示横线的意思，因此，hr标签又叫作水平线标签。它是一个单标签，在浏览器中显示时会呈现一条水平线。

在设计网站时，一般可以在同一个网页不同主题的内容中间加一条水平线把它们分开，水平分割线可以在视觉上将文档分割成多个部分。

语法如下：

```
<hr/>
```

样例及效果图（图2-3）如下：

```
<p>下面的是hr标签</p>
<hr/>
<p>上面的是hr标签</p>
```

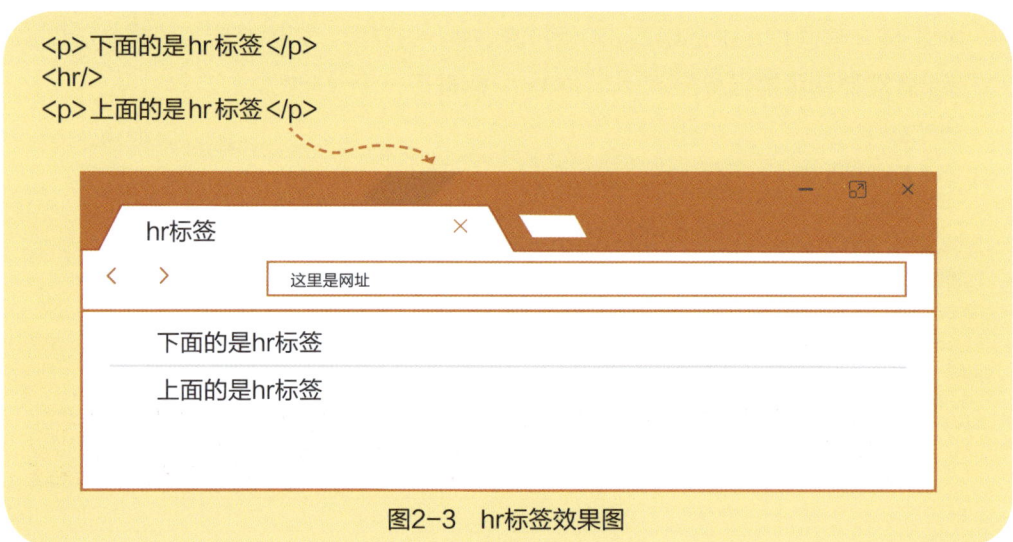

图2-3　hr标签效果图

> 💡 **注意**

默认情况下，hr标签画出的水平线是灰色的，高度为1px（像素）。

注释标签

注释在HTML中可以用来放置通知和提示信息，它在浏览器中不会被显示，可以简要说明相关标签组的作用。

语法如下：

```
<!-- 注释内容写在这里 -->
```

样例及效果图(图2-4)如下:

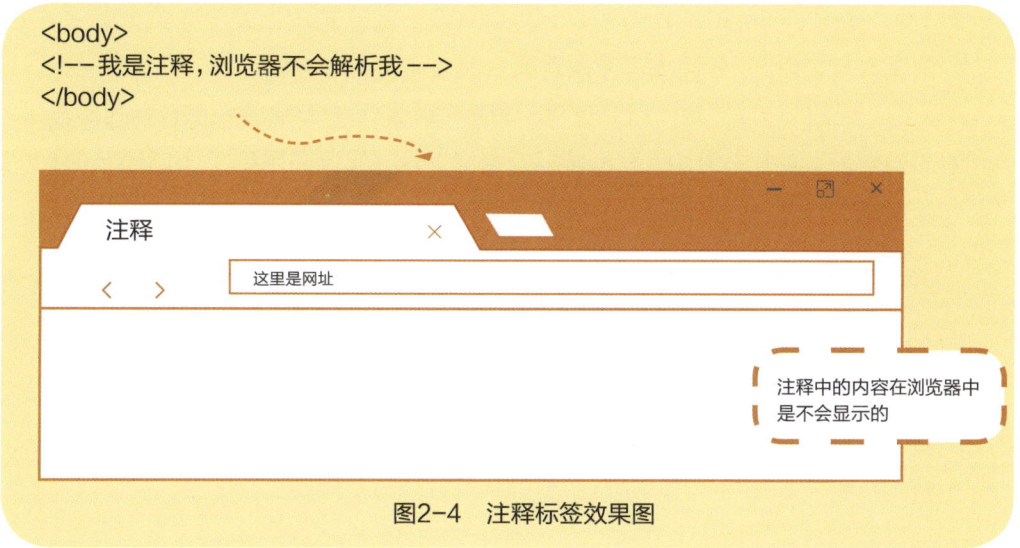

图2-4 注释标签效果图

排版标签的综合运用

请使用本节学习的排版标签完成图2-5的效果展示。

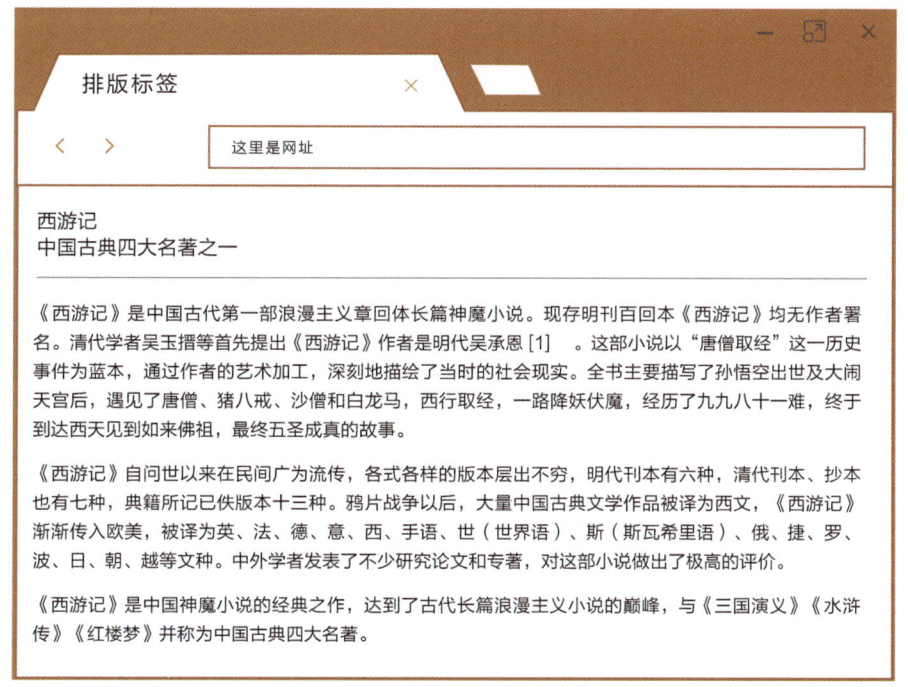

图2-5 排版标签练习效果图

具体步骤如下：

第1步　整体分析：如图2-5所示，页面中有一条分割线把整个页面分成了两部分，分割线上方是标题，分割线下方是正文。

第2步　标题分析：标题一般会使用标题标签（即下一节会介绍的h系列标签），但是暂时未学习，这里先用p标签包裹标题部分，标题部分还用到了强制换行的br标签。代码如下：

```
<p>西游记<br/>中国古典四大名著之一</p>
```

第3步　分割线用hr标签。

第4步　页面当中的正文使用3个p标签来表示3个段落。使用p标签后大家可以看到段落与段落之间有一个小小的间距，这是p标签自带的样式。

完整代码如下：

```
1   <!DOCTYPE html>
2   <html lang="en">
3   <head>
4       <meta charset="UTF-8">
5       <meta name="viewport" content="width=device-width,initial-scale=1.0">
6       
7       <meta http-equiv="X-UA-Compatible" content="ie=edge">
8       <title>排版标签</title>
9   </head>
10  <body>
11      <p>西游记<br/>中国古典四大名著之一</p>
12      <hr/>
13      <p>《西游记》是中国古代第一部浪漫主义章回体长篇神魔小说。现存明
14  刊百回本《西游记》均无作者署名。清代学者吴玉搢等首先提出《西游记》作者
15  是明代吴承恩[1]。这部小说以"唐僧取经"这一历史事件为蓝本，通过作者的
16  艺术加工，深刻地描绘了当时的社会现实。全书主要描写了孙悟空出世及大闹
17  天宫后，遇见了唐僧、猪八戒、沙僧和白龙马，西行取经，一路降妖伏魔，经历了
18  九九八十一难，终于到达西天见到如来佛祖，最终五圣成真的故事。</p>
19      <p>《西游记》自问世以来在民间广为流传，各式各样的版本层出不穷，明
20  代刊本有六种，清代刊本、抄本也有七种，典籍所已佚版本十三种。鸦片战争
21  以后，大量中国古典文学作品被译为西文，《西游记》渐渐传入欧美，被译为英、
22  法、德、意、西、手语、世（世界语）、斯（斯瓦希里语）、俄、捷、罗、波、日、朝、越
23  等文种。中外学者发表了不少研究论文和专著，对这部小说做出了极高的评价。
24      </p>
25      <p>《西游记》是中国神魔小说的经典之作，达到了古代长篇浪漫主义小说的
26  巅峰，与《三国演义》《水浒传》《红楼梦》并称为中国古典四大名著。</p>
27  </body>
28  </html>
```

通关秘籍

1. p 标签是段落标签，它有一些自带的特殊样式。比如 p 标签包裹的段落会另起一行，它的段落前后都有自带的间距等。
2. br 标签用于强制换行，但是在实际应用中考虑到标签语义化，应尽量减少使用 br 标签。
3. 在网页中常常用水平线将内容进行分隔，使得文档结构清晰，层次分明。这些水平线可以通过插入图片实现，也可以使用 hr 标签来创建一条横跨网页的水平线。
4. 在编写 HTML 代码时，要注意注释的使用，注释可以让代码更具可读性。

大显身手

一、编程基本功

（简答题）根据自己的理解，总结 p 标签、br 标签、hr 标签的含义，语法及作用。

二、转动编程大脑

写出代码实现如图 2-6 的新闻页面效果。

图 2-6　新闻页面效果图

2.2 字体标签

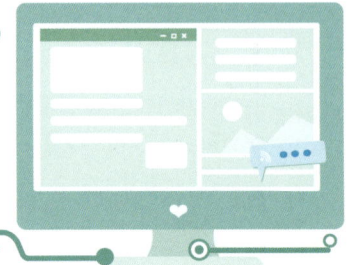

知识目标

1. 重点掌握h系列标题标签，并在HTML布局搭建时熟练运用。

2. 了解粗体、斜体、上标、下标标签。

指点迷津

h系列标签

轻松学

h标签是英文单词heading的简写，意为标题。为了使网页具有语义化，经常会在页面中用到标题标签。HTML提供6个等级的标题标签，即<h1></h1>、<h2></h2>、<h3></h3>、<h4></h4>、<h5></h5>和<h6></h6>。

基本语法格式如下：

<h1>我是标题</h1>

工程师的思考

之前我们学习了title标签，它是用来表示网页标题的，h1标签也是标题标签，有什么区别呢？

title标签放置整个网页的标题，在HTML页面内不显示，一般展示在浏览器顶部的tab栏里。
h1标签是网页中某篇文章或某段文字的标题，是网页内容的一部分，默认情况下在网页中会加粗放大显示。

h系列标签和title标签的具体区别如下：

● **放置位置的区别**

title标签放在head标签内，用于给整个页面命名；

h系列标签放在body标签内，用于给页面中的一段文本拟一个标题。

● **语法格式的区别**

title标签的语法：<title>我是网页标题</title>。

h标签的语法：<hx>我是文章标题</hx>（x代表1、2、3、4、5、6）。最大的标题用h1标签表达。

● **重要程度的区别**

通过百度或者谷歌等浏览器进行内容搜索的时候，title标签里的内容会比h系列标签里的内容更先被检索到。搜索引擎优化（SEO）会先优化title标签里的主要关键字，其次是h1标签里的文章标题。h1到h6标签中内容的SEO权重依次变小。

轻松练

编写代码，使h1到h6标题标签在页面的显示效果如图2-7所示。

图2-7　标题标签显示效果图

思维导学

h1到h6标签作为标题使用，字号从大到小依次递减，在页面中的作用也是依次减弱的。

核心代码如下：

```
<body>
    <h1>一级标题</h1>
    <h2>二级标题</h2>
    <h3>三级标题</h3>
    <h4>四级标题</h4>
    <h5>五级标题</h5>
    <h6>六级标题</h6>
</body>
```

💡 注意

h1标签不要用在LOGO上。
h1标签在一个页面最多只能有一个，不能使用多个。
h1标签用在页面主体内容唯一的地方。如单个文章列表页、文章或产品内容页。

粗体标签

一般用于显示粗体效果的标签有2种：<strong></strong>和<b></b>。
样例及效果图（图2-8）如下：

```
<p>正常</p>
<strong>加粗</strong>
<b>加粗</b>
```

图2-8　粗体标签效果图

strong标签和b标签的区别

● b标签是英文单词bold的简写,意为加粗,因此b标签传达给浏览器的意思就是将标签中内容的字体进行加粗,没有其他作用。

● 英文中strong这个单词表示强壮的意思,用strong标签向浏览器传达了一个强调某段文字的消息,而这个strong就是所说的逻辑元素。它是强调文档逻辑的,并非是通知浏览器应该如何显示。

● 在网页应用中,用strong标签和b标签表示加粗效果时,肉眼看到的效果是一样的。但是对于搜索引擎来说,它会更重视strong标签,为了符合现在W3C的标准,推荐使用strong标签。

斜体标签

一般用于显示斜体效果的标签有2种:<em></em>和<i></i>。

样例及效果图(图2-9)如下:

图2-9 斜体标签效果图

em标签和i标签的区别

● i标签是英文单词italic的简写,意为斜体,因此i标签传达给浏览器的意思就是斜体显示,没有其他作用。

● em是英文单词emphasize的简写,有强调的意思。em标签告诉浏览器将标签中的文本表示为强调的内容。对于所有浏览器来说，这意味着将标签中的文字用斜体显示。

● 在网页应用中，用em标签和i标签表示倾斜效果时，肉眼看到的效果是一样的，但是为了符合现在W3C的标准，推荐使用em标签。

sup标签和sub标签

sup标签语法如下：

```
<sup>内容</sup>
```

sup标签在页面中显示为上标字，常用于指数的写法。

sub标签语法如下：

```
<sub>内容</sub>
```

sub标签在页面中显示为下标字，常用于下标的写法。

样例及效果图（图2-10）如下：

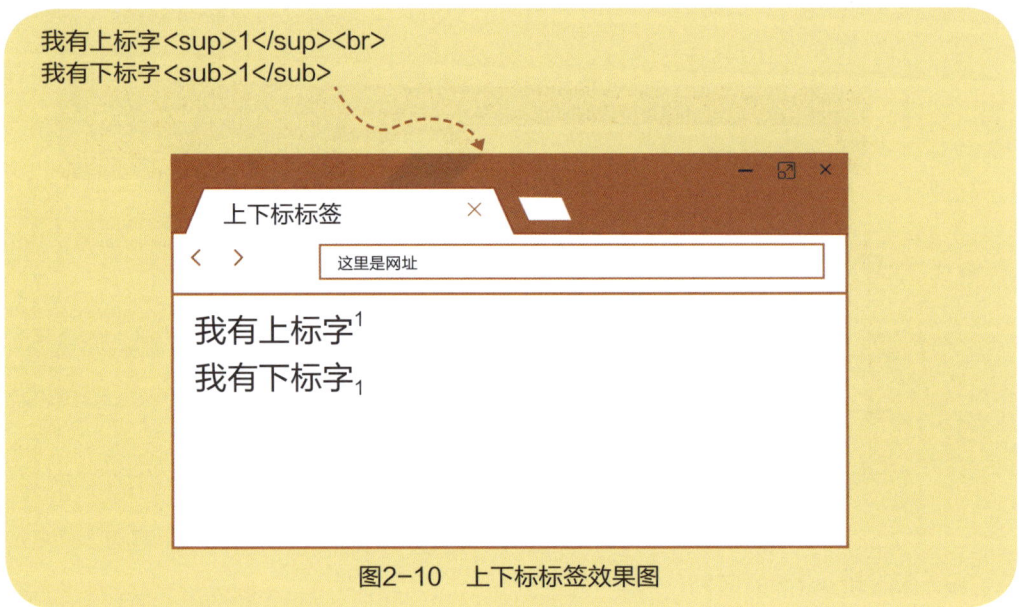

图2-10　上下标标签效果图

字体标签的综合运用

请使用本节学习的字体标签完成图2-11展示的效果。

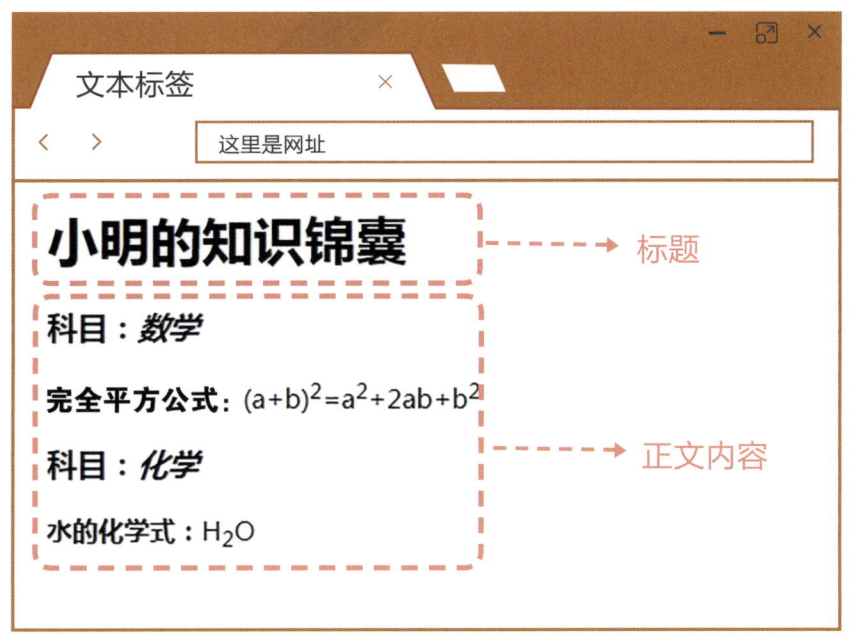

图2-11 文本标签效果图

具体步骤如下：

第1步 如图2-11所示，将页面分为两大部分。标题部分是页面中最大的标题，使用h1标签，代码如下：

```
<h1>小明的知识锦囊</h1>
```

第2步 正文可以细分为上下两部分，上半部分包含数学科目和知识点。"科目：数学"是标题，由于前面已经使用了h1标签，这里可以使用除h1标签之外的任意标签（h2到h6）。

需要注意的是，"数学"两个字既是标题内容，又带有倾斜效果，所以需要利用前面学过的标签的嵌套。同理"完全平方公式："，既是段落内容，又带有加粗效果。其代码如下：

```
<h3>科目：<em>数学</em></h3>
<p>
  <strong>完全平方公式：</strong>(a+b)<sup>2</sup>=a<sup>2
  </sup>+2ab+b<sup>2</sup>
</p>
```

第3步 正文下半部分实现原理同第2步，这里为了区分，下半部分的加粗效果用b标签，倾斜效果用i标签。其代码如下：

```
<h3>科目:<i>化学</i></h3>
<p>
   <b>水的化学式:</b>H<sub>2</sub>O
</p>
```

下面是图2-11所示效果的完整代码:

```
1    <!DOCTYPE html>
2    <html lang="en">
3    <head>
4        <meta charset="UTF-8">
5        <meta name="viewport" content="width=device-width,initial-
6    scale=1.0">
7        <meta http-equiv="X-UA-Compatible" content="ie=edge">
8        <title>文本标签</title>
9    </head>
10   <body>
11       <h1>小明的知识锦囊</h1>
12       <h3>科目:<em>数学</em></h3>
13       <p>
14        <strong>完全平方公式:</strong>(a+b)<sup>2</sup>=
15   a<sup>2</sup>+2ab+b<sup>2</sup>
16       </p>
17       <h3>科目:<i>化学</i></h3>
18       <p>
19        <b>水的化学式:</b>H<sub>2</sub>O
20       </p>
21   </body>
22   </html>
```

大家一定要跟着上面的步骤自己在电脑中将代码输入一遍,这样印象会更深刻哟!

通关秘籍

1. h系列标签是标题标签,一共分为6个等级,重要性依次递减。其中,h1标签是最大的标题标签,h6标签是最小的标题标签。

2. 注意区分h系列标签和title标签。title标签是整个网页的标题,一般展示在浏览器顶部的tab栏里;h系列标签是网页中某篇文章或某段文字的标题,是网页内容的一部分,默认情况下在网页中会加粗放大显示。

> **3.** 粗体效果可以使用strong标签和b标签，为了符合W3C标准，推荐使用strong标签。
> **4.** 斜体效果可以使用em标签和i标签，为了符合W3C标准，推荐使用em标签。
> **5.** sup标签表示上标，sub标签表示下标，两个标签写法很相似，注意区分。

大显身手

编程基本功

1．（单选题）关于标签，下列说法正确的是（　　）。

A. p1是段落标签　　　　　　　　B. h1是标题标签

C. hr是换行标签　　　　　　　　D. br是一条直线

2．（单选题）关于标签，下列说法不正确的是（　　）。

A. h标签有6个等级，分别是h1、h2、h3、h4、h5和h6

B. h1到h6 文字从小到大

C. img标签是图像标签

D. a标签是一个链接标签，用于页面的跳转

3．（单选题）下面哪个标签用于使一行文本从中间换行，而不是插入一个新的段落？（　　）

A. <td></td>　　　　　　　　B.

C. <p></p>　　　　　　　　D. <h1></h1>

4．（简答题）在网页中表示着重强调可以使用哪些标签？简述它们的区别与联系。

2.3　列表标签

> **知识目标**
>
> **1.** 掌握ul、li这组无序列表标签的语法与运用，了解ol、li这组有序列表标签，并能区分有序列表标签和无序列表标签。
>
> **2.** 掌握dl、dt、dd这组自定义列表标签的语法及应用。

指点迷津

什么是列表?

去超市购物时列的购物清单(如图2-12),或者去餐厅吃饭时看的菜单,这些都是列表。容器里面装载着文字、图片的一种形式,叫列表。

图2-12　购物清单列表

如图2-12所示,列表最大的特点就是整齐、整洁,看起来一目了然。
在HTML中,列表主要分为无序列表、有序列表和自定义列表3大类。

无序列表标签

无序列表在网页中的应用非常广泛,下面是一些常用的场景。

- 新闻网页首页板块

图2-13　新闻热点要闻模块

如图2-13所示,新闻标题没有序号,而且新闻的顺序可能随时调整,所以它非常适合用无序列表来实现。本节知识点学习完毕后,大家就可以自己动手实现这个项目效果!

- 网页导航

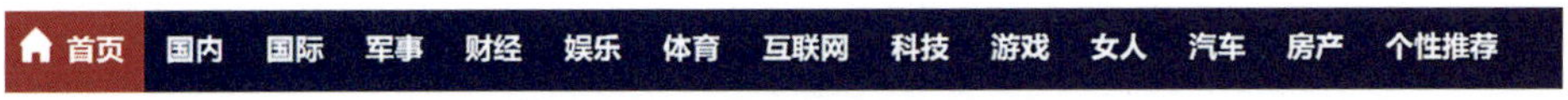

首页
国内
国际
军事
财经
娱乐
体育
互联网
科技
游戏
女人
汽车
房产
个性推荐

图2-14 新闻首页导航条

如图2-14所示，类似这样的导航条就是一组ul无序列表，其中“首页”“国内”等每一项都是一个li列表项。导航的制作不仅会用到ul、li标签，还会和一些标签配合使用，另外还需要对标签进行美化。因此导航条的设计是一个综合运用的结果，这会在后续章节进行讲解。

轻松学

无序列表的各个列表项之间没有顺序级别之分，是并列的。其基本语法格式如下：

```
<ul>
    <li>列表项1</li>
    <li>列表项2</li>
    <li>列表项3</li>
    ...
</ul>
```

编写代码时，我们会使用ul标签来创建无序列表。它相当于一个容器，在容器中可以放多个li标签，每一个li标签代表一个列表项。

轻松练

趣码星球目前开设的特色学科有4门，可以使用无序列表在网页中展示出来，效果如图2-15所示。

ul标签
这里是网址
· 趣味图形编程
· 兴趣源码编程
· AI智能世界
· 信息学奥赛

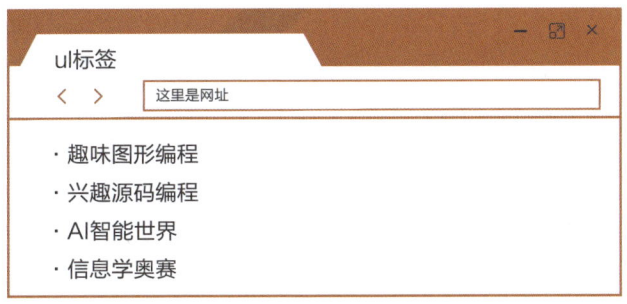

图2-15 无序列表标签

思维导学

图2-15中列举了4门特色学科，每一门学科就是一个列表项，用li标签来表示，其代码如下：

```
<ul>
    <li>趣味图形编程</li>
    <li>兴趣源码编程</li>
    <li>AI智能世界</li>
    <li>信息学奥赛</li>
</ul>
```

无序列表标签的应用场景

运用目前学到的标签知识，实现如图2-16所示的类似效果（不考虑样式美化）。

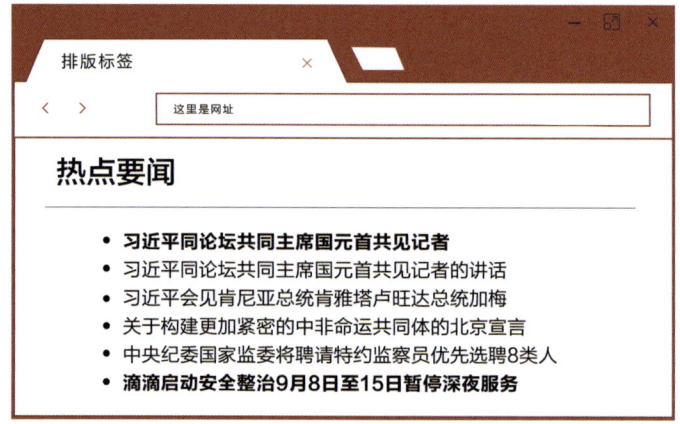

图2-16　新闻热点要闻模块

根据图2-16分析可知：

第1步　整体分析。页面总体分为两部分：大标题和正文。

第2步　大标题用h2标签。

第3步　大标题下面有一条分割线，这里用hr标签。

第4步　正文部分用到了本小节的重要知识点——无序列表标签。需要注意的是正文中有两条列表项是有加粗效果的，在li标签中可以嵌套strong标签实现加粗。

完整代码如下：

```
1   <!DOCTYPE html>
2   <html lang="en">
3   <head>
4       <meta charset="UTF-8">
5       <meta name="viewport" content="width=device-width,initial-scale=1.0">
6
```

```
7       <meta http-equiv="X-UA-Compatible" content="ie=edge">
8       <title>新闻</title>
9   </head>
10  <body>
11      <h2>热点要闻</h2>
12      <hr/>
13      <ul>
14          <li>
15              <strong>习近平同论坛共同主席国元首共见记者</strong>
16          </li>
17          <li>习近平同论坛共同主席国元首共见记者的讲话</li>
18          <li>习近平会见肯尼亚总统肯雅塔卢旺达总统加梅</li>
19          <li>关于构建更加紧密的中非命运共同体的北京宣言</li>
20          <li>中央纪委国家监委将聘请特约监察员优先选聘8类人</li>
21          <li>
22              <strong>滴滴启动安全整治9月8日至15日暂停深夜服务</strong>
23          </li>
24      </ul>
25  </body>
26  </html>
```

有序列表标签

有序列表在网页中的应用较少,下面这些场景可以用有序列表实现,如图2-17所示。

图2-17 大学排名模块

图2-17中红框区域使用有序列表可以实现,但是需要使用大量的CSS代码进行美化。因此,在实际应用中多使用表格实现图2-17的效果,这样可以减少代码量,提高开发效率。

轻松学

有序列表即有排列顺序的列表,其各个列表项按照一定的顺序排列。有序列表标签的基本语法格式如下:

```
<ol>
    <li>列表项1</li>
    <li>列表项2</li>
    <li>列表项3</li>
    ...
</ol>
```

ol标签的所有特性与ul标签基本一致,通常使用它来创建有序列表。它相当于一个容器,在容器中可以放多个li标签,每一个li标签代表一个列表项,这些列表项从上到下是按照顺序排列的。

轻松练

应用有序列表标签实现图2-18的效果。

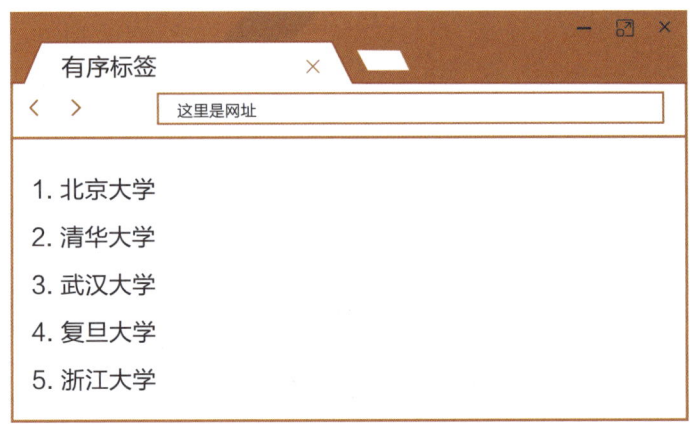

图2-18　有序列表效果图

思维导学

正文部分用到了有序列表标签。用ol标签创建了一个有序列表,每一项用li标签表示,需要注意,这里的li标签从上到下是按照顺序排列的。根据图2-18可知,北京大学排在第一位,应该写在第一个li标签中。

有序列表标签和无序列表标签的区别:

- 前缀不同

有序列表标签是有顺序的,因此在页面显示中,默认情况下以阿拉伯数字形式进行排序，即第一个li标签在页面中前缀为1，以此类推。

无序列表标签是没有先后顺序的，每一项都是并列关系，因此在页面显示中，默认情况下每一项前面有一个小黑圆点。

● 应用频率不同

在实际应用中，经常使用无序列表标签，很少使用有序列表标签。

自定义列表标签

自定义列表标签在网页底部的运用非常多，常用场景如图2-19所示。

图2-19　趣码网页底部示意图

如图2-19所示，底部主要运用了自定义列表，一共由2组自定义列表构成。学习完本小节知识，大家就可以完成这部分的布局啦！

轻松学

自定义列表标签常用于对术语或名词进行解释和描述，自定义列表的列表项前没有任何项目符号。其基本语法如下：

```
<dl>
    <dt>名词1</dt>
    <dd>名词1解释1</dd>
    <dd>名词1解释2</dd>
    ...
    <dt>名词2</dt>
    <dd>名词2解释1</dd>
    <dd>名词2解释2</dd>
    ...
</dl>
```

编写代码时，使用dl标签创建自定义列表。它相当于一个容器，在容器中有dt标签和dd标签。需要注意的是，dd标签自带首字母缩进特性。

轻松练

应用自定义列表标签实现图2-20的效果。

自定义列表标签
这里是网址
欢迎来到Go Code!
这里有HTML教程
这里有CSS模块
这里有JS教程

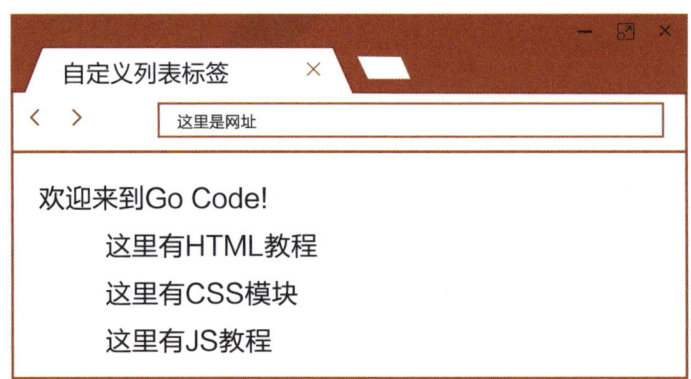

图2-20　自定义标签效果图

思维导学

图2-20展示的内容，可以理解为在“Go Code!”中可以学习的课程有“HTML教程”“CSS模块”“JS教程”这3部分，所以“欢迎来到Go Code！”放在dt标签中，其他3行文字分别放入dd标签中。核心代码如下：

```
<body>
        <dl>
              <dt>欢迎来到 Go Code!</dt>
              <dd>这里有 HTML 教程</dd>
              <dd>这里有 CSS 模块</dd>
              <dd>这里有 JS 教程</dd>
        </dl>
</body>
```

自定义列表标签的应用场景

运用目前学到的标签知识，实现图2-21所展示的效果。

关于我们
公司简介
教学模式
课程体系
帮助中心
常见问题
软件下载
联系客服

图2-21　效果图

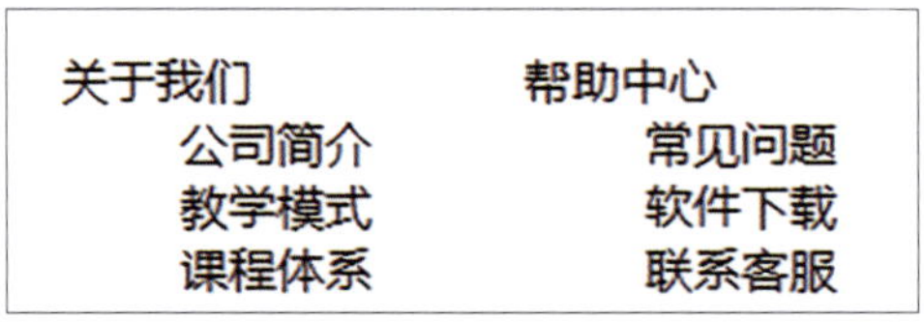

分析图2-21可将步骤分解如下：

第1步　整体分析。页面先从左往右拆分，一共分为2部分，每一部分是一个dl标签。

第2步　将每一个dl标签继续细分，"关于我们""帮助中心"放在dt标签中。

第3步　每一个dt标签下面的内容是对dt的解释，因此应该用dd标签。

完整代码如下：

第4步　需要对代码进行简单美化。完整代码中<style></style>标签添加了简单样式，可以实现水平布局，并规定了每组dl标签之间的间距。这些美化操作，大家可在后面的章节中进行学习。

```html
1   <!DOCTYPE html>
2   <html lang="en">
3   <head>
4       <meta charset="UTF-8">
5       <meta name="viewport" content="width=device-width, initial-
6   scale=1.0">
7       <meta http-equiv="X-UA-Compatible" content="ie=edge">
8       <title>Document</title>
9       <style>
10          dl{
11              float:left;
12              margin-right:50px;
13          }
14      </style>
15  </head>
16  <body>
17      <dl>
18          <dt>关于我们</dt>
19          <dd>公司简介</dd>
20          <dd>教学模式</dd>
21          <dd>课程体系</dd>
22      </dl>
23      <dl>
24          <dt>帮助中心</dt>
25          <dd>常见问题</dd>
26          <dd>软件下载</dd>
27          <dd>联系客服</dd>
28      </dl>
29  </body>
30  </html>
```

通关秘籍

1. 列表标签由有序列表标签（ol）、无序列表标签（ul）和自定义列表标签（dl）构成。
2. 无序列表标签在网页中应用最多，其次是自定义列表标签，有序列表标签很少用到。

大显身手

一、编程基本功

1.（简答题）常用的列表标签有哪3种？

2.（简答题）结合自己的理解，谈一谈有序列表标签和无序列表标签有哪些不同点。

二、转动编程大脑

1. 应用目前所学的标签知识完成图2-22的效果。

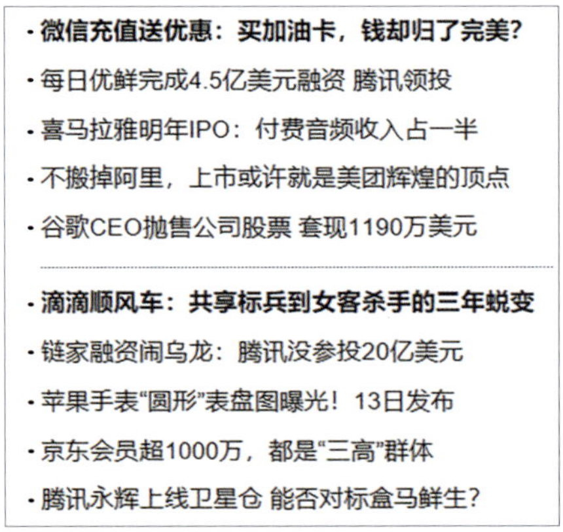

图2-22　新闻页面效果图

2. 应用自定义列表标签知识完成图2-23红色框中的效果。

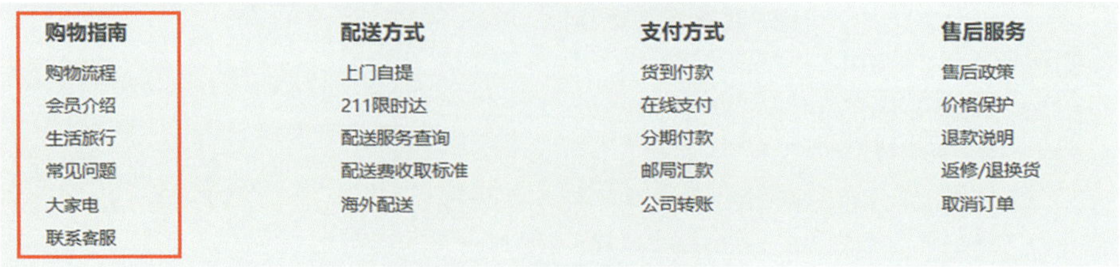

图2-23　网页底部效果图

2.4 图形标签

知识目标

1. 重点掌握 img 标签的语法。
2. 熟练运用 img 标签属性。
3. 深入理解路径的含义，注意区分相对路径和绝对路径。

指点迷津

什么是图片标签？

在网页中展示图片需要用到 img 标签，它的基本语法格式如下：

```
<img src="图像url"/>
```

使用 img 标签可以把图片插入网页中，如图 2-24 所示。

图 2-24　图片展示

> **注意**
>
> img 标签是一个单标签。它必须配合 src 属性使用（单独书写 img 标签，在页面中没有任何显示效果），是目前所介绍标签中比较特殊的一个。src 属性用于指定图像文件的路径和文件名，它是 img 标签的必需属性。

img 标签的基本属性

属性就是特性，任何事物都有自己的特性，比如手机，它有颜色、尺寸等特性。同理，标签也有自己的特性，使用HTML制作网页时，如果想让HTML标签提供更多的信息，可以使用HTML标签的属性加以设置。其基本语法格式如下：

<标签名 属性1="属性值1" 属性2="属性值2"...>内容</标签名>

在以上语法中，需要注意以下几点：
- 标签可以拥有多个属性，属性必须写在开始标签中，位于标签名后面。
- 属性之间不分先后顺序，标签名与属性、属性与属性之间均以空格分开。
- 任何标签的属性都有默认值，如果不给标签设置属性值，则取默认值。

一般来讲，属性和对应的属性值就像一对好朋友形影不离，有属性就得有对应的属性值，它们是以键值对的格式存在的，形如key="value"的格式。例如：

<hr width="400"/>

上面的代码给<hr/>标签添加了一个属性：宽度（width），属性值为400px。在网页中，我们会看到hr标签的宽度变成了固定的400px。大家可以动手试一试，并且调整浏览器窗口的大小看看吧！

路径

路径指的是到达目的地的路线。比如，准备去天安门看升旗，我们首先需要知道自己现在的位置，其次需要知道天安门的位置，最后要考虑从自己当前位置去天安门应该走什么路线（如图2-25）。

图2-25　生活中的路径理解图

在HTML中，通常会新建一个文件夹专门用于存放图像文件，这时在网页中插入图像，就需要采用"路径"的方式来指定图像文件的位置，如图2-26所示。

图2-26　HTML中的路径理解图

这里需要理解根目录和当前目录的概念。

- 根目录

打开"我的电脑"，双击C盘进入C盘的根目录，双击D盘进入D盘的根目录。严格来说，没有上层的目录就是根目录，每个磁盘只有一个根目录。比如C盘的根目录就是"C:\"，而"D:\"表示D盘的根目录。

- 当前目录

当前目录是指当前正在使用的目录。在VS Code编辑器左侧的"资源管理器"中可以清晰地看到当前的目录结构，如图2-27所示。

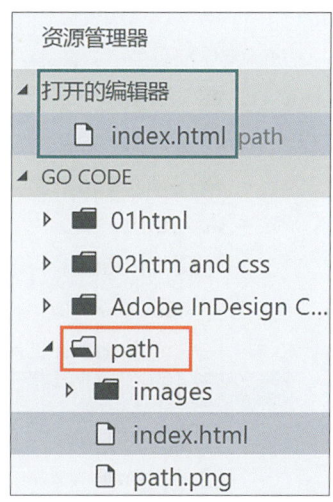

图2-27　VS Code编辑器中文件夹目录展示

图2-27中，绿色框区域展示的是当前打开的文件，文件名为index.html，与它同级的有images文件夹和path.png图片。红框处的图标看起来是一个文件夹被打开的样子，这个图标就是当前index.html文件所在的文件夹，文件夹名称为path，即当前目录为path。

路径的分类

路径可以分为相对路径和绝对路径。

- 相对路径

相对路径是以当前文件所在位置为参考基础而建立的目录路径。当保存在不同目录下的网页引用同一个文件时，所使用的路径不相同，因此称为相对路径。

当图像文件和HTML文件位于同一文件夹时，只需在img标签的src属性中对应输入图像文件的名称即可。图2-27中的index.html文件和path.png图片都在path文件夹中，因此，在HTML文件中引入path.png图片的语法如下：

```
<img src="path.png"/>
```

当图像文件位于HTML文件的下一级文件夹时，如图2-28所示，当前文件为index.html，它与images文件夹同级，想要引入images下级文件夹中的down.png图片，只需在img标签的src属性中对应输入文件夹名和文件名即可，之间用"/"隔开。代码如下所示：

```
<img src="images/part1/down.png"/>
```

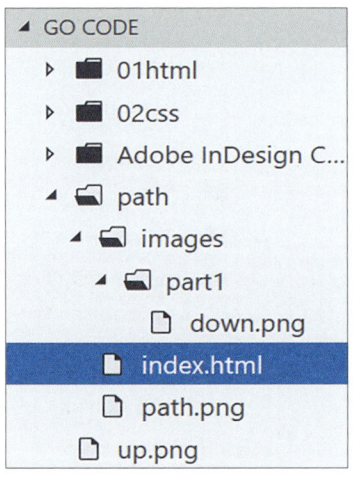

图2-28 目录结构图

当图像文件位于HTML文件的上一级文件夹时，在文件名之前加入"../"；如果位于上两级文件夹，则需要使用"../ ../"，以此类推。代码如下所示：

```
<img src="../logo.gif"/>
```

💡 注意

相对路径是重点也是难点,大家一定要自己多试几次,这样才能完全掌握。同时,如果在使用img标签引入图片时,发现图片在页面中显示出错,那么一定要检查图片路径是否出了问题。

● 绝对路径

绝对路径指的是主页上的文件或目录在硬盘上的真正路径。之所以称为绝对路径,是指所有网页引用同一个文件时,所使用的路径都是一样的。

可以使用绝对路径链接外部资源,如图片、超级链接、flash、音频、视频等。书写代码如下:

```
<img src="http://完整的url描述地址">
```

也可以使用本地电脑的绝对路径,如D盘下images文件夹里名称为"logo.jpg"的图片,代码书写如下:

```
<img src="D:/images/logo.jpg">
```

💡 注意

使用绝对路径必须输入完整的路径描述,这种方法指向的链接目标地址清晰明确。但有一个缺点,一旦该文件位置发生变化,会导致文件无法显示,需要重新修改所有相关链接的路径。因此,在HTML文件中需要引用其他文件时推荐使用相对路径。

img标签的其他属性

使用img标签引入图片时,必须用到src属性,属性值就是图片的路径地址。img标签除了src属性之外,还包括许多其他属性,具体介绍如表2-1所示。

表2-1　img标签的各类属性

属性	属性值	描述
alt	文本	图片不能显示时替换的文本
title	文本	鼠标悬停时显示的内容

（续表）

属性	属性值	描述
width	像素	设置图像的宽度
height	像素	设置图像的高度
border	数字	设置图像边框的宽度

- alt 属性：图片不能显示时替换的文本。

如图2-29所示，浏览器窗口出现了一个文件破损的小图标，这代表图片加载不成功（一般是由于图片路径出错、网速太慢、浏览器禁用图像等原因）。为了更加人性化，通常会使用alt属性，此属性值中的内容就会在图片无法显示时展示在浏览器中。其代码如下：

<img src="logo.png" alt="这里是logo"/>

图2-29　img标签的alt属性

- title 属性：鼠标悬停时显示的内容。

如图2-30所示，在网页中插入图片，当鼠标移到图片上保持不动时，鼠标指针变成了箭头，同时出现了一个文字框，显示"双师课堂服务"这几个字。

这里用到img标签的title属性，属性值是鼠标移到图片上显示的内容。其代码如下：

<img src="book.jpg" title="双师课堂服务"/>

图2-30　img标签的title属性

- width、height属性：宽、高属性。

对比图2-31和图2-30两张效果图，明显可以看出图2-31中的图片小了很多，这里给图片设置了宽度为500px，高度为300px，因此图片变小了。代码如下：

```
<img src="book.jpg" width="500" height="300"/>
```

图2-31　img标签的width属性、height属性

💡 注意

在img标签内同时设置width属性、height属性时，图片会按照设置好的属性值同时调整图片的宽和高，默认单位为px（像素）。

在img标签内只设置width属性时，图片的高度会进行等比例缩放；同理，只设置height属性时，图片的宽度也会进行等比例缩放。

- **border属性**：给图片边框设置宽度。

如图2-32所示，可以看到图片外有一个黑色边框，就像生活中见到的相框一样。这是给img标签添加了边框（20px）的效果，在之后的学习中大家还可以给边框添加自己喜欢的颜色。图2-32边框效果的代码如下：

```
<img src="book.jpg" border="20"/>
```

图2-32　img标签的border属性

通关秘籍

1. 使用img标签可以在网页中插入各种好看的图片，其中src属性是img标签的必需属性，属性值是图片的url地址。如果图片路径错误，网页中的图片则无法正常显示。

2. 属性就是常说的"特性"，不只是img标签具有属性，几乎所有标签都有属性，后面会逐一进行介绍。

3. img标签的alt属性指的是图片不能显示时用于替代的文字，alt属性有利于进行SEO，是搜索引擎搜录时判断图片与文字是否相关的重要依据。因此建议设置alt属性。

4. title是标题的意思。img标签的title属性是对元素的注释说明和额外补充，当鼠标放到文字或是图片上时有title文字显示。如果图片旁边已经有文字说明,就没必要多此一举地添加title属性。

5. 路径分为相对路径和绝对路径,需要大家掌握的是相对路径,大家一定要多多练习熟练掌握。

大显身手

一、编程基本功

1.（单选题）在HTML中,使用标签插入图像,下列选项关于src属性的说法正确的是（　　）。

A. 用来设置图片的格式

B. 用来设置图片的所在位置

C. 用来设置鼠标指向图片时显示的文字

D. 用来设置图片是否能正确显示

2.（单选题）当鼠标停放在图片上时,显示文字描述是使用以下哪个属性实现的?（　　）

A. alt属性　　　　　　　　　　B. title属性

C. href属性　　　　　　　　　 D. src属性

3.（单选题）想要在HTML文档中加入图像,可以使用哪个标签达到目的?（　　）

A. <pic>　　　　　　　　　　B. <picture>

C. <img/>　　　　　　　　　 D. <image>

4.（单选题）在图2-33的结构中,哪种写法可以在index页面中显示img.gif图片?（　　）

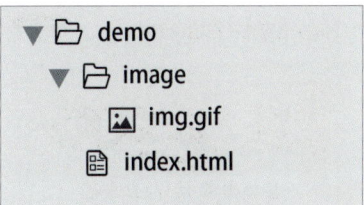

图2-33　路径练习

A. <img src="../image/img.gif"/>　　B. <img src="image/img.gif"/>

C. <img src="image../img.gif"/>　　D. <img src="img.gif/image"/>

5.（单选题）在图2-34的结构中，哪种写法可以在index页面中显示1.jpg图片？（　　）

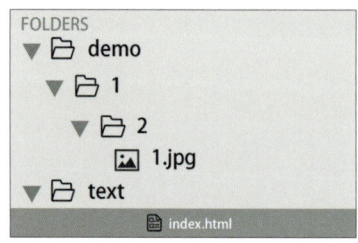

图2-34　路径练习

A. <img src="../1/2/1.jpg"/>　　　　B. <img src="/1/2/1.jpg"/>

C. <img src="1/2/1.jpg"/>　　　　D. <img src="../demo/1/2/1.jpg"/>

二、转动编程大脑

运用目前所学的标签知识，完成图2-35的效果。

要求：

（1）设置图片的宽为300 px，高为200 px；

（2）鼠标滑过图片时显示如图2-35所示的文字；

（3）设置图片未成功加载时的替换文字，分别为"国家电网考试"和"教师资格证考试"。

图2-35　效果图

2.5 a标签

知识目标

1. 重点掌握a标签的语法。
2. 理解记忆a标签的href属性、target属性。
3. 熟练运用a标签的href属性进行页面跳转。

指点迷津

a标签的应用场景

a标签可以创建一个到其他网页、文件、同一页面内的指定位置、电子邮件地址或任何其他url的超链接。因此,在网页中如需跳转到其他页面,往往使用a标签。

图2-36　a标签在网页中的应用

在图2-36中,鼠标点击"用户服务"会弹出如图所示窗口,这时候我们单击"新手指南"会直接跳转到关于各类考试的新手指南页面;单击"了解中公",同理会跳转到关于中公教育相关介绍的页面。因此,在网页中可以单击的地方都会用到a标签实现页面的跳转。

a标签的语法

轻松学

a标签是英文单词anchor的缩写,中文翻译为锚、锚状物。

在HTML中创建超链接非常简单,只需用标签包裹需要被链接的对象即可。其基本语法格式如下:

<a href="跳转目标" target="目标窗口的弹出方式">文本或图像</a>

💡 注意

href与target是a标签的重要属性,会在后面进行详细介绍。

轻松练

在学习无序列表标签时提到导航需要使用无序列表标签和其他标签的嵌套,这里创建一个简易导航,练习实现页面跳转。效果如图2-37、图3-38所示。

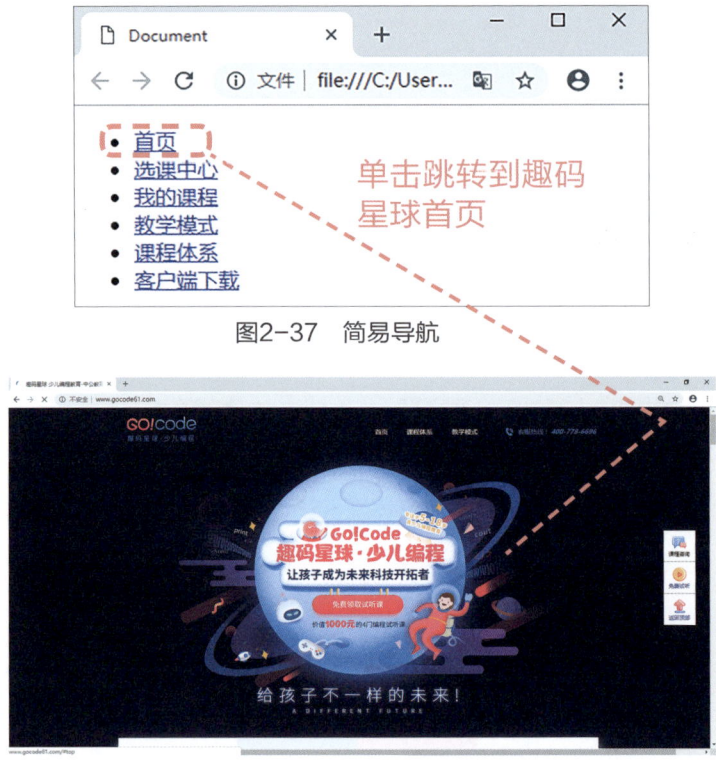

图2-37　简易导航

图2-38　趣码星球首页

思维导学

第1步　整体分析。图2-37是一个简单的导航条,没有添加任何美化效果。列表每一项的前面有一个小圆点,说明这里使用的是ul标签和li标签。另外,实现单击跳转,需要使用a标签。

第2步 每一个li标签中嵌套a标签,在a标签中放置需要展示在页面的文字。先实现首页的跳转,代码如下:

```html
<li><a href="http://www.gocode61.com">首页 </a></li>
```

在这行代码中,使用了a标签的基本语法,这里href属性的属性值为"http://www.gocode61.com/"。这是趣码星球的官方网址,通过这个步骤,可以实现单击"首页"2个字直接跳转到趣码星球的官网。

完整代码如下:

```html
1   <!DOCTYPE html>
2   <html lang="en">
3   <head>
4       <meta charset="UTF-8">
5       <meta name="viewport" content="width=device-width,initial-scale=1.0">
6   
7       <meta http-equiv="X-UA-Compatible" content="ie=edge">
8       <title>Document</title>
9   </head>
10  <body>
11      <ul>
12          <li><a href="http://www.gocode61.com/">首页 </a></li>
13          <li><a href="#">选课中心</a></li>
14          <li><a href="#">我的课程</a></li>
15          <li><a href="http://www.gocode61.com/teach.html">教学模式</a></li>
16  
17          <li><a href="http://www.gocode61.com/course.html">课程体系</a></li>
18  
19          <li><a href="#">客户端下载</a></li>
20      </ul>
21  </body>
22  </html>
```

💡 **注意**

在实际代码编写中,如果跳转的地址暂时不确定,地址部分可以用"#"占位,待跳转地址确定后再修改。

使用了a标签的文字会发生变化,如图2-37所示,使用a标签的文字未单击时的显示颜色为蓝色,同时自带下划线。当文字被单击后将变成紫色。

a标签的属性

a标签与前面所学的标签相比，具有自己的独特之处。

href属性

- href是英文单词hypertext reference的缩写，中文翻译为超文本引用。所以，当为a标签添加href属性时，它就具有了超链接的功能。
- href用于指定链接目标的url地址，属性值可以指定为一个url地址，必须在地址前面加上http://或https://。当然，也可以使用之前学过的相对路径进行页面跳转。
- href里面的链接地址可以从浏览器页面地址栏直接复制。

> 注意
>
> href的属性值如果是外部链接，需要添加一个网页地址，例如添加网址http://www.baidu.com，这样可以直接跳转到百度首页。
>
> href的属性值如果是内部链接，就需要用到相对路径，直接链接内部页面的路径地址即可，例如：<a href="index.html">首页</a>。
>
> 如果没有确定链接目标，通常将链接标签的href属性值定义为"#"（href="#"），表示该链接暂时为一个空链接。
>
> 在网页中不仅可以创建文本超链接，图像、表格、音频、视频等元素都可以添加超链接。

target属性

target属性用于控制页面跳转的方式。

- target ="_self" 表示在当前页面跳转，不会新建页面跳转。这也是a标签默认的跳转方式。
- target ="_blank" 表示新建页面跳转。

通关秘籍

1. a标签用于创建页面的跳转效果，会有自带的特殊样式：文字自带下划线，未被单击时文字的颜色为蓝色，被单击后会变成紫色。考虑到网页的美观性，通常使用CSS重新美化，几乎不会使用a标签自带的样式。

2. a标签和img标签一样，都会用到路径的相关知识。a标签href属性中的url地址，可以是外部链接地址，即浏览网页时地址栏显示的完整地址信息，直接复制到href的属性值中即可；也可以是相对地址，这个大家可以回顾路径部分的知识点多加练习。

3. a标签的target属性用于控制页面的跳转方式，默认状态是在当前页面跳转，如果需要新建页面跳转应该使用target="_blank"。

大显身手

一、编程基本功

1.（单选题）下列哪项是a标签的属性？（　　）

A.border　　　　　　　　　　B.width

C.href　　　　　　　　　　　D.height

2.（单选题）想要为网页中的文字加上超链接，可以采用哪个标签达到要求？（　　）

A.<link>　　　　　　　　　B.<href>

C.<a>　　　　　　　　　　　D.<b>

3.（单选题）A文件夹与B文件夹是同级文件夹，其中A文件夹下有a.html文件，B文件夹下有b.html文件，现在希望在a.html中创建超链接，链接到b.html。那么在a.html的代码中应该如何描述呢？（　　）

A. b.html B. /././　　　　　　B. /b.html

C. ../B/b.html　　　　　　　 D. ../../b.html

4.（单选题）a标签需要新建页面跳转，可以使用下面哪一个属性？（　　）

A.width　　　　　　　　　　B.height

C.href　　　　　　　　　　　D.target

二、转动编程大脑

根据目前所学的标签知识，编写代码，实现图2-39的效果。

要求：(1) 单击作者姓名时可以直接跳转到作者的百度百科介绍页面，网址为：https://baike.baidu.com/item/李白/1043?fr=aladdin；

(2) 注意诗句正文有上标和下标的使用。

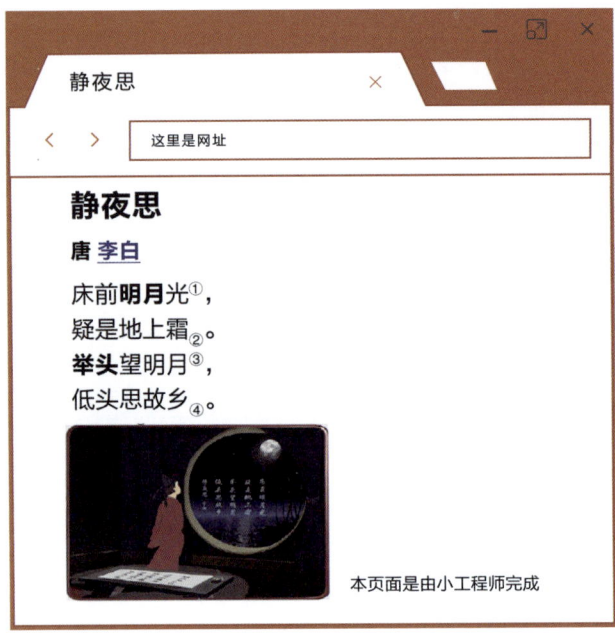

图2-39　效果图

2.6　div标签与span标签

知识目标

1. 重点理解div标签和span标签的用法。
2. 熟练掌握网页拆分原则及拆分原理。

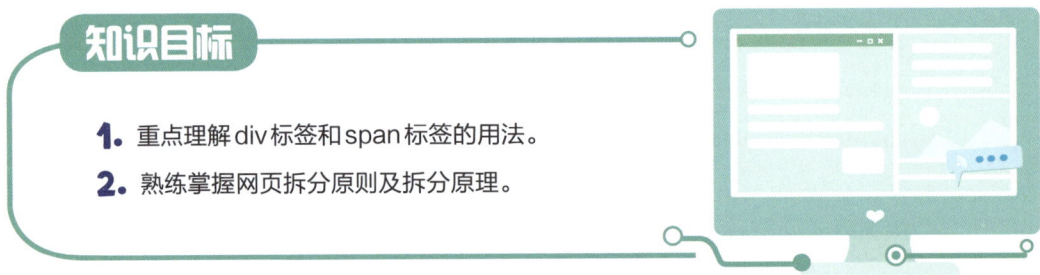

指点迷津

网页拆分

一个完整的网页是由多个部分的多个标签构成的,在书写网页时需要遵循一定的原则,这样代码逻辑才能更清晰,方便后期维护。例如百度首页,它的拆分结构如图2-40所示。

图2-40 百度首页拆分图

百度首页从上到下大致可以分为3部分：顶部区域、主要内容区、底部区域。这和大家平常在学校里做作业一样，遇到一个题目时要先分析，想一想用什么思路能又好又快地完成这道题。同理，在开始制作一个网页前，要先分析这个网页从哪里开始制作，这就需要用到网页拆分原则。

网页拆分原则

网页拆分一般需要遵循的原则有3点：先上下、后左右、遵循一像素原则。以图2-40中的百度首页页面为例，根据网页拆分原则应该如何进行拆分呢？

- 先上下。网页拆分时应从上往下拆分，直到不能拆分为止。图2-40的整个网页先从上往下拆分成3部分。这是第一步拆分。
- 后左右。若网页不能进行上下拆分，就需要考虑左右拆分，按照从左往右的原则，直到不能拆分为止。图2-40完成从上到下3个区域的拆分后，再进行顶部区域拆分，如图2-41所示。

图2-41 百度顶部区域拆分图

此时顶部区域已经不能进行上下拆分，应考虑左右拆分。从左往右拆分时，可以将顶部区域划分为左右两部分。

接着，拆分顶部左边区域，如图2-42所示。

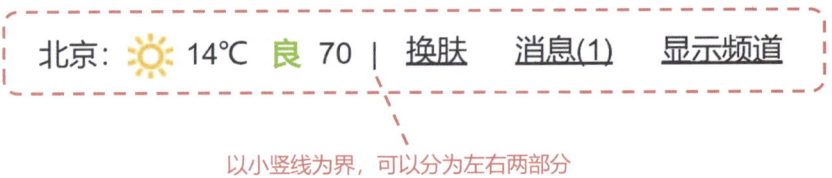

图2-42　百度顶部左边区域划分图

将顶部区域左边进行细分，可以在图中找到关键的划分点——中间的小竖线。以小竖线为界，区域可以划分为两部分。若再进一步细分，可将左边部分按如图2-43所示进行拆分。根据功能，分为天气和空气质量。细分到这里，就可以使用本节将要学习的标签进行网页布局了。

图2-43　百度顶部最左区域细分图

● 一像素原则

一像素原则是指在设计网页的时候要尽可能精确，误差越小越好，一般将误差控制在1~3像素。

div标签

轻松学

div标签是网页布局中非常重要的一个标签。div是英文单词division的简写，意思是分割。在学习网页拆分时，拆分出来的每一块内容都可以放在div标签中。例如制作百度首页顶部区域时，按照拆分的原则，可以用div标签进行布局。

第1步　完成图2-40顶部、主要内容、底部3大区域的框架布局，代码如下：

```html
<div class="header"></div>
<div class="main"></div>
<div class="footer"></div>
```

以上代码中，用3个div标签将网页分为3部分。这里的class属性用于区分3个div标签，表示给3个div标签分别命名：头部、主要内容、底部。

第2步 完成图2-41所示顶部的布局划分，代码如下：

```html
<div class="header">
    <div class="headerLeft"></div>
    <div class="headerRight"></div>
</div>
```

根据之前的拆分分析，将顶部分为左右两部分。为了方便区分，使用class属性分别进行命名。

第3步 完成图2-42所示顶部左边的布局细分，代码如下：

```html
<div class="headerLeft">
    <div class="headerLeft-1"></div>
    <div class="headerLeft-2"></div>
</div>
```

第4步 完成小竖线左边（图2-43所示）的布局细分，代码如下：

```html
<div class="headerLeft-1">
    <div class="weather"></div>
    <div class="air"></div>
</div>
```

图2-43的左右划分为天气和空气质量，因此按照功能给相应的div标签命名，weather表示天气，air表示空气，简单明了。

结合网页分析的思路，将以上代码整理如下：

```html
<div class="header">
    <div class="headerLeft">
        <div class="headerLeft-1">
            <div class="weather"></div>
            <div class="air"></div>
        </div>
        <div class="headerLeft-2"></div>
    </div>
    <div class="headerRight"></div>
</div>
<div class="main"></div>
<div class="footer"></div>
```

💡 **注意**

以上完整代码中要注意标签的嵌套关系，相同颜色标签代表的是同级关系标签。

div标签不像之前学过的标签都有具体的语义，比如段落用p标签包裹，标题用h标签，实现超链接页面跳转用a标签。div标签在浏览器中，默认是不会有任何效果变化的。div标签是一个容器级标签，里面什么都能放，甚至可以放div标签自己。

轻松练

利用div标签并配合之前学过的标签，完成如图2-44所示的区域划分。

图2-44　效果图

思维导学

第1步　如图2-44所示，从上往下可以划分为粉色框所标注的两大部分，用2个div标签表示，并分别命名为"top"和"bottom"，表示上下两个区域。

```
<div class="top"></div>
<div class="bottom"></div>
```

第2步　"top"粉色框区域再遵循从上往下划分的原则，划分为标题和内容。标题部分使用h标签，内容部分观察到每一项前面都有很明显的小圆点，这里使用ul标签、li标签。其代码如下：

```
<div class="top">
    <h3>中国好玩的地方</h3>
    <ul>
        <li>北京</li>
        <li>三亚</li>
        <li>西安</li>
    </ul>
</div>
```

第3步 同第2步的分析思路，实现"bottom"的div布局。其代码如下：

```html
<div class="bottom">
    <h3>国外好玩的地方</h3>
    <ul>
        <li>巴黎</li>
        <li>首尔</li>
        <li>巴厘岛</li>
        <li>马尔代夫</li>
    </ul>
</div>
```

完整的核心代码如下：

```html
<div class="top">
    <h3>中国好玩的地方</h3>
    <ul>
        <li>北京</li>
        <li>三亚</li>
        <li>西安</li>
    </ul>
</div>
<div class="bottom">
    <h3>国外好玩的地方</h3>
    <ul>
        <li>巴黎</li>
        <li>首尔</li>
        <li>巴厘岛</li>
        <li>马尔代夫</li>
    </ul>
</div>
```

span标签

轻松学

span本身即为英文单词，中文意思是范围、跨度。span标签在网页布局中很常用。其语法如下：

```html
<span>文字内容</span>
```

span标签是"小区域、小跨度"的标签，里面只能放置文字、图片、表单元素。

div标签和span标签都是没有语义的，它们的区别在于span标签是行级元素，可以与其他元素位于同一行；而div是块级元素，不能同其他元素在同一行。

轻松练

利用span标签并结合之前学过的标签，完成如图2-45所示界面。

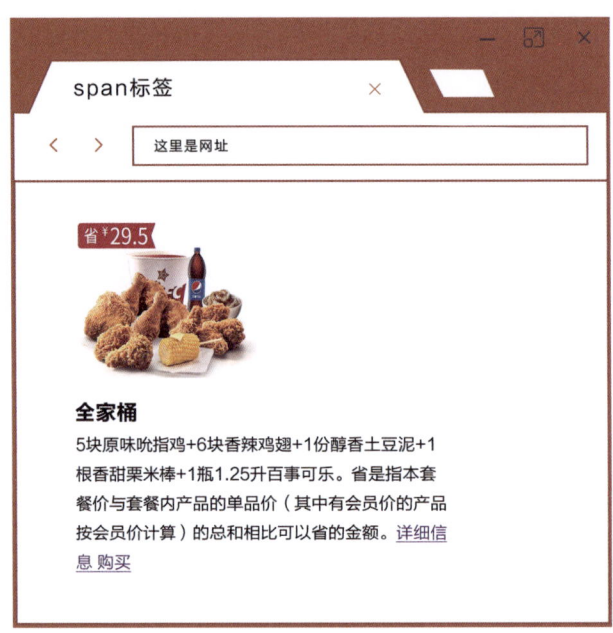

图2-45　效果图

思维导学

第1步　如图2-45所示，从上往下可以划分为图片区和内容区。图片区使用img标签即可，内容区用div标签表示，这里只有一个div标签，因此不需要单独命名来区分。其代码如下：

```
<img src="kfc.png"/>
<div></div>
```

第2步　div标签表示的主要内容区又可以从上到下划分为标题和正文，代码如下：

```
<div>
    <h4>全家桶</h4>
    <p>
        5块吮指原味鸡+6块香辣鸡翅+1份醇香土豆泥+1根香甜粟米棒+1瓶1.25升百事可乐。省是指本套餐价与套餐内产品的单品价（其中有会员价的产品按会员价计算）的总和相比可以省的金额。
```

```html
        <span>
            <a href="#">详细信息</a>
            <a href="#">购买</a>
        </span>
    </p>
</div>
```

以上代码中，使用span标签包裹两个a标签，将可以单击跳转的内容与正文文字部分区分开。

完整的核心代码如下：

```html
<img src="kfc.png" />
<div>
    <h4>全家桶</h4>
    <p>
        5块吮指原味鸡+6块香辣鸡翅+1份醇香土豆泥+1根香甜粟米棒+1瓶1.25升百事可乐。省是指本套餐价与套餐内产品的单品价（其中有会员价的产品按会员价计算）的总和相比可以省的金额。
        <span>
            <a href="#">详细信息</a>
            <a href="#">购买</a>
        </span>
    </p>
</div>
```

通关秘籍

1. div标签可以理解为一个大"盒子"，里面可以放任何标签，也可以放div标签本身。因此，在网页布局中可能会大量使用div标签，为了区分，会给这些div标签进行命名。在HTML中，一般使用class属性给div标签命名，第3章将详细讲解class属性。

2. span标签就是一个小"盒子"，里面只能放置文字、图片、表单元素。切记span标签里面不能放p、h、ul、dl、ol、div等标签。

大显身手

编程基本功

1.（多选题）以下标签中没有实际语义的标签是（　　）。
A.div　　　　　B.h6　　　　　C.em　　　　　D.span

2.（简答题）制作网页时如何进行拆分，拆分原则是什么？

3.（简答题）简要说明div标签和span标签的区别。

2.7 特殊字符标签

知识目标

1. 初步认识常用特殊字符。
2. 了解使用特殊字符标签的注意事项。

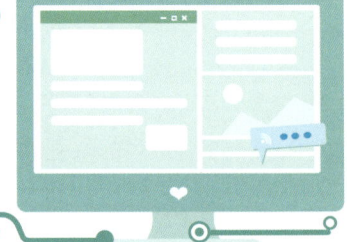

指点迷津

常用的特殊字符

常用的特殊字符如表2-2所示。

表2-2　常用的特殊字符表

特殊字符	描述	字符的代码
	空符号	
<	小于号	&lt
>	大于号	&gt
&	和号	&amp
¥	人民币符号	&yen

（续表）

特殊字符	描述	字符的代码
©	版权符号	&copy
®	注册商标符号	&reg
°	摄氏度	&deg
±	正负号	&plusmn
×	乘号	&times
÷	除号	&divide
²	平方	&sup2
³	立方	&sup3

- 在HTML中，会出现特殊字符，但不能直接在标签内输入。
- 某些符号在HTML中是有特定含义的。比如"<>"，表示这是HTML文件的标签，如果要使用表示纯文本意义的大于号和小于号，必须对其进行转义（在HTML中转义使用"\"符号）。否则，HTML文件被解析的时候，会将其当作标签的开始标记与结束标记。

2.8 初识行块标签

知识目标

1. 初步认识行块标签。
2. 记住常用的行块标签。

指点迷津

块级标签

如图2-46所示，每一个块级标签都是从新的一行开始，而且它包裹的元素也都是从新的一行开始。

- 块级标签都可以设置宽度、高度、行高、距顶部距离、距底部距离。

- 块级标签的宽度若不做设置，会直接默认为父元素宽度的100%。
- 块级标签是可以直接嵌套的。

图2-46　块级标签示意图

行级标签

如图2-47所示，行级属性标签和其他标签处在同一行内。

- 行级属性标签无法设置宽度、高度、行高、距顶部距离、距底部距离。
- 行级属性标签的宽度直接由内部的文字或者图片等内容决定。
- 行级属性标签内部不能嵌套块级属性标签。

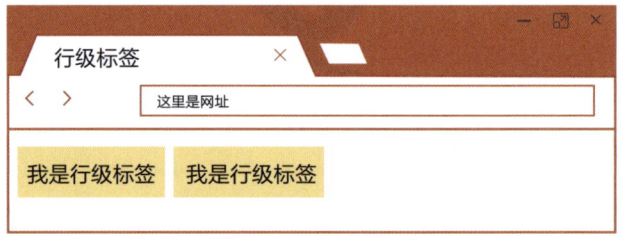

图2-47　行级标签示意图

常见块级标签和行级标签

在HTML中，常见的块级标签和行级标签如下：

块级标签：div、p、h1~h6、ol、ul、li等。

行级标签：a、span、i、em、strong等。

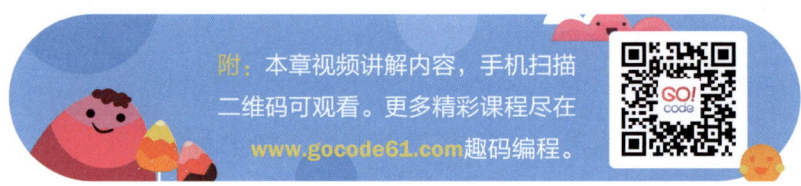

第 3 章

宝藏的钥匙——CSS

3.1 认识CSS

知识目标

1. 认识CSS。
2. 掌握CSS的基础语法与引入方式。
3. 了解如何使用CSS。

指点迷津

什么是CSS？

一个网页如果只有HTML，那么将会是枯燥、毫无美感、不实用的网站。因此，为了让页面更加美观实用，在1996年，W3C组织创造了CSS（层叠样式表），使其成为美化HTML网页的标准语言。

CSS的作用

CSS的作用就是更加合理、有效地搭建网站，为HTML增添许多样式，最终达到美化网页的效果。

CSS基础语法

CSS是为HTML创造的，在使用它的时候，HTML要与它建立链接，链接过程需要用到选择器。

选择器是CSS与HTML元素绑定的一种方法，也可以理解为CSS与HTML的"接头人"，当然HTML派出的"接头人"就是id与class属性。

- 选择器的两种写法。

选择器 { 样式 }　　　　　　　　　　　　　　　　　　　　　写法1

第3章 宝藏的钥匙——CSS

```
选择器{
    样式
}
```
写法2

选择器用于给指定的标签添加样式、进行美化,后面添加"{ }",括号里写样式的具体内容。此处推荐第1种写法,更方便阅读。

大家可以看到,括号里面包括样式的具体内容,那样式是什么呢?样式就是给该选择器添加的一些属性,这些属性控制着整个页面的布局与美化。所以只有选择器是不够的,必须往里面增添样式。

- 样式语法:属性名与属性值之间用":"隔开,一段属性写完后用";"隔开,否则会报错。示例如下:

```
属性名1:属性值1;
属性名2:属性值2;
```

- CSS的注释方法:/*注释内容*/,CSS没有单行注释与多行注释的区别。

CSS的引入方式

CSS的常用引入方式有3种,分别是:行内样式、内联样式和外部样式。

行内样式

这是最简单、直接的一种,可以直接对标签使用style=" ",语法如下:

```
<标签名 style="属性名1:属性值1;属性名2:属性值2;"></标签名>
```

行内style样式的代码样例:

```
<div style="width:200px;"></div>
```

行内样式的优缺点:
优点:代码量少,速度快。
缺点:内容、样式未分离;代码杂乱,不符合W3C规范,难以维护;代码冗余,不可复用。

内联样式

内联样式是创建单独的一个<style>双标签,在style标签内加入选择器,语法如下:

```
<style>
  选择器1{
  样式
    }
   选择器2 {
   样式
     }
</style>
```

style标签放在head标签中最后的位置,如下面代码的6~11行所示。

```
1   <!DOCTYPE html>
2   <html lang="en">
3   <head>
4     <meta charset="UTF-8">
5     <title></title>
6     <style>
7       div{
8         width:200px;
9         height:200px;
10       }
11     </style>
12  </head>
13  <body>
14    <div></div>
15  </body>
16  </html>
```

内联样式优缺点:

优点:相对于行内样式,内联样式层次更分明一些,便于查看CSS样式。

缺点:因为它在HTML标签内编写,当代码量过多的时候,会导致整个代码凌乱,并且无法被其他HTML文档使用,不美观并且不利于维护。

外部样式

单独创建一个CSS文件,CSS文件扩展名必须使用.css后缀。文件用link标签中的href属性引入到当前HTML文件内。CSS样式语法不用加style标签,直接添加样式内容即可,link标签如下:

<link rel="stylesheet" href="CSS文件所在的路径 ">

- rel="stylesheet":定义一个外部加载的样式表。
- href="CSS文件所在的路径":链接所需要的文件。

CSS外部样式引入如代码示例中的第6行所示：

```
1   <!DOCTYPE html>
2   <html lang="en">
3   <head>
4     <meta charset="UTF-8">
5     <title></title>
6     <link rel="stylesheet" href="style.css">
7   </head>
8   <body>
9   </body>
10  </html>
```

外部样式优缺点：

优点：CSS文件与HTML文件分开存放，这样增加了代码的复用性。

缺点：每个浏览器都要单独读取CSS文件中的样式，速度会慢一些。

💡 注意

内联样式适合在学习、练习和测试中使用，外部样式适合在大型项目中使用，行内样式一般不推荐使用。

通关秘籍

> 1. CSS的作用是美化HTML文档。语法：选择器{属性名：属性值；}。
> 2. CSS的3种引入方式：行内样式（标签内用style属性）、内联样式（style标签）和外部样式（link标签）。

大显身手

编程基本功

1.（单选题）CSS样式基本语法的正确格式是（　　）。

A.{属性：属性值；}

B.{属性值，属性；}

C. 选择器 { 属性 : 属性值 ; }

D. 选择器 { 属性 , 属性值 ; }

2.（单选题）CSS内联样式的写法是（　　）。

A. </style>

B. <style> </style>

C. style=" "

D. <link rel="stylesheet" herf="CSS文件所在的路径">

3.（单选题）能对HTML进行美化的是（　　）。

A. HTML

B. DHTML

C. CSS

D. URL

4.（判断题）在CSS中，一段属性写完后需要用"；"来隔开。　　　　（　　）

5.（填空题）CSS的3种引入方式：_____、_____、_____。

3.2　CSS布局与选择器

知识目标

1. 了解CSS与HTML的连接方式。
2. 掌握字体颜色、宽、高、背景颜色的使用。
3. 了解边框、描边的使用。
4. 掌握CSS基本布局属性。

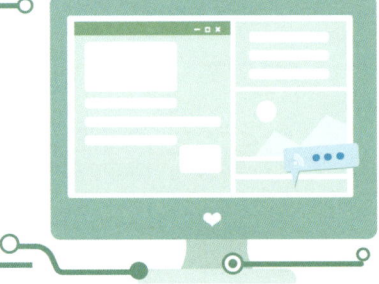

指点迷津

id选择器

前面提到CSS与HTML之间需要建立连接，除了CSS的选择器外，还需要HTML的id属性。在HTML中，给标签添加id属性，属性值为名称（不能有中文），示例如下：

<h1 id="名称"></h1>

在CSS中，想要设置对应id名称的标签样式，选择器名称前必须加上"#"号，如#名称{ 样式 }。

> 💡 注意
>
> 一个id选择器最好只用于一个标签，如果多个标签使用同一id名，虽然不会报错，但会影响后期代码编写。可以理解为id属性是身份证，是私有的。

id选择器实例代码与效果图（图3-1）如下：

```html
1   <!DOCTYPE html>
2   <html lang="en">
3   <head>
4     <meta charset="UTF-8">
5     <title>趣码星球</title>
6     <style>
7       #top{
8         color:red;
9       }
10    </style>
11  </head>
12  <body>
13    <h1 id="top">Hello World</h1>
14    <h1>Hello World</h1>
15  </body>
16  </html>
```

图3-1　id选择器

- 代码第6行使用CSS内联样式style标签。
- 代码第13行h1标签添加了名为top的id属性，因此它的样式被style标签中的#top控制，设置字体颜色为红色，"Hello World"在页面上就会显示为红色；而第2个未被设置id属性的h1标签内的字体还是黑色。代码中的color属性在下一个知识点会讲解。

> 💡 注意
>
> id选择器可以实现CSS与HTML之间的绑定，实现CSS对HTML样式的设置。

字体颜色（color）

color属性是用来给字体设置颜色的，属性值可以是表示颜色的英文单词或十六进制数。使用十六进制数，需在前面加#号，如#000000，表示黑色。进制数可以从PS等作图软件中获取。

💡 **注意**

子元素会继承父元素的color属性。

字体颜色的实例代码（部分）与效果图（图3-2）如下：

```
1   <style>
2     #red{
3       color:red;
4     }
5     #green{
6       color:green;
7     }
8     #blue{
9       color:blue;
10    }
11    #black{
12      color:#000000;
13    }
14  </style>
15  </head>
16  <body>
17    <h2 id="red">红色</h2>
18    <h2 id="green">绿色</h2>
19    <h2 id="blue">蓝色</h2>
20    <h2 id="black">黑色</h2>
21  </body>
22  </html>
```

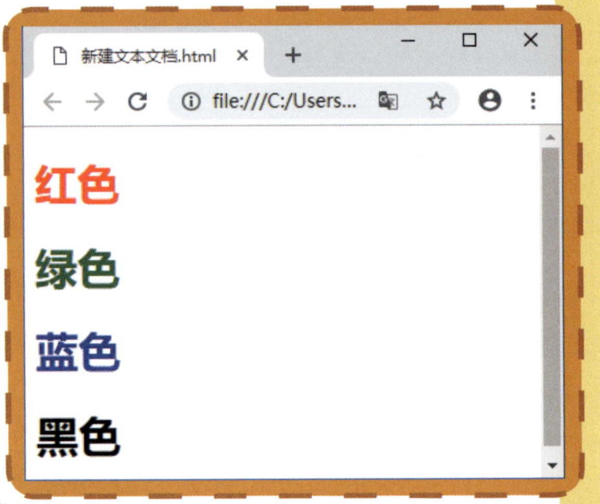

图3-2 文字变色

- 图中设置了4个h2标签，因为每个h2的样式都不一样，所以推荐使用id选择器。
- 代码第2~13行，可以看到style标签里有4个选择器。因为对应着不同的标签，需要创建4个不同的选择器来设置其样式，使用color属性完成对字体的上色。
- 代码第17~20行，给4个h2标签设置不同的颜色，需要4个id属性。

💡 **注意**

为了让页面字体颜色不再只有黑色，color属性在页面中会经常使用。改变字体颜色可以使页面更加美观，也有着重强调的作用。

CSS基础属性及常用单位

轻松学

生活中，任何事物都有长、宽、高这些属性。在CSS中也不可少，width用于设置宽度，height 用于设置高度。两者只对块级元素生效，属性值为数字，单位通常是 px（像素），背景颜色默认透明。

background-color（背景颜色）用于给元素宽高区域填充设定好的颜色。属性值写法与 color 一致，用英文单词或"#十六进制数"表示。

在生活中，处处存在单位，数字基本上都有单位，单位表示着该数字的意义，例如 1cm、1km、100ml 等。同样的，CSS 也有属于自己的一套单位，现在来认识一下 CSS 中常用的 3 个单位。

- px（像素）

px 的全称为 pixel，表示像素，它指的是一张图片中最小的点，或者是计算机屏幕中最小的点。比如一台计算机的分辨率是 800px × 600px，指的是计算机显示屏宽为 800 个小方点，高为 600 个小方点。因为屏幕分辨率不同，1px 在不同分辨率的显示器上大小也是不同的。

- %（百分比）

width 与 height 的百分比是相对于父元素宽高值来计算的。比如，div 标签的父元素的宽是 200px，div 标签宽度设置为 50%，那它的宽度就是 200px×50%，也就是 100px。

- em

在 CSS 中，em 是根据当前元素的字体大小来计算的。比如当前元素字体大小为 10px，那么给宽设置为 2em，宽度就为 2×10px，也就是 20px。如果当前元素没有设置字体大小，则会向父元素寻找；若父元素也没有设置，就一直往上级寻找，直到找到浏览器位置，浏览器默认字体大小为 16px。

轻松练

宽高背景样式的实例代码与效果图（图 3-3）如下：

```
1    <!DOCTYPE html>
2    <html lang="en">
3    <head>
4      <meta charset="UTF-8">
5      <title>趣码星球</title>
6      <style>
7        #box1{
```

```
8            width:250px;
9            height:200px;
10           background:pink;
11       }
12       #box2{
13           width:100px;
14           height:50px;
15           background:red;
16       }
17    </style>
18  </head>
19  <body>
20    <div id="box1">
21      <div id="box2"></div>
22    </div>
23  </body>
24  </html>
```

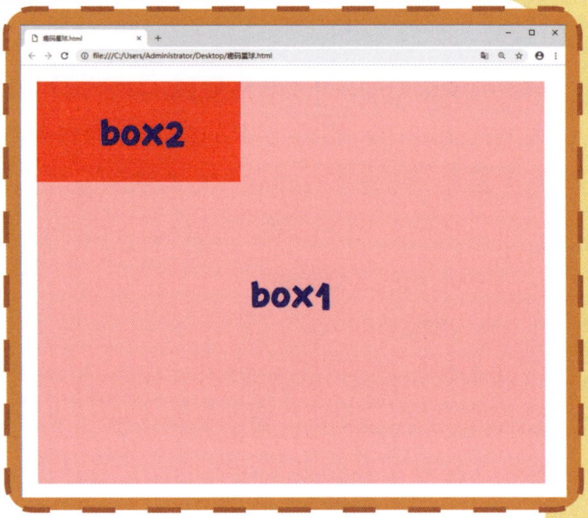

图3-3 宽高背景

注：图3-3中"box1""box2"字样为提示文字，方便理解，并非页面效果。

思维导学

1. 代码第20~22行可以看到，id名为box1的div标签里面嵌套了一个id名为box2的div标签。

2. 代码第7~16行给box1和box2都设置了宽度、高度、背景颜色。

3. 因为box2是box1的子元素，所以红色方块会被粉色方块包裹住，并且起始点在box1的左上角。

💡 注意

在CSS布局中，width与height是根基，没有它们就无法完成页面布局，很多重要的属性就无法使用。

background进阶

background-image属性

前面学习的img标签被称为前景图，这里将要介绍的background-image就是背景图。

● 背景图是什么？

背景图就像电脑壁纸和手机壁纸一样，它会在桌面上添加一张图片，但图片不会遮挡图标，也不会像img标签那样占位，而是一直处在最底层，只会被其他内容覆盖，这就是背景图。

● background-image 的语法

> **background-image:**url("图片所在路径")

url()括号中是图片的路径，写法与img标签完全一致。包裹路径的双引号可省略，但建议使用。

● background-image 的特性

1. 背景图不会占位，不会影响其他元素的排列。

2. background-image属性和img标签一样，img要用src属性指定图片，background-image需要用url来链接背景图片。

3. 背景图的尺寸会原样呈现。如果元素装不下背景图，背景图会从左上角开始显示元素宽高的内容；如果元素大小超过背景图尺寸，那么，背景图覆盖不了的区域会重复添加同一张背景图。如图3-4所示。

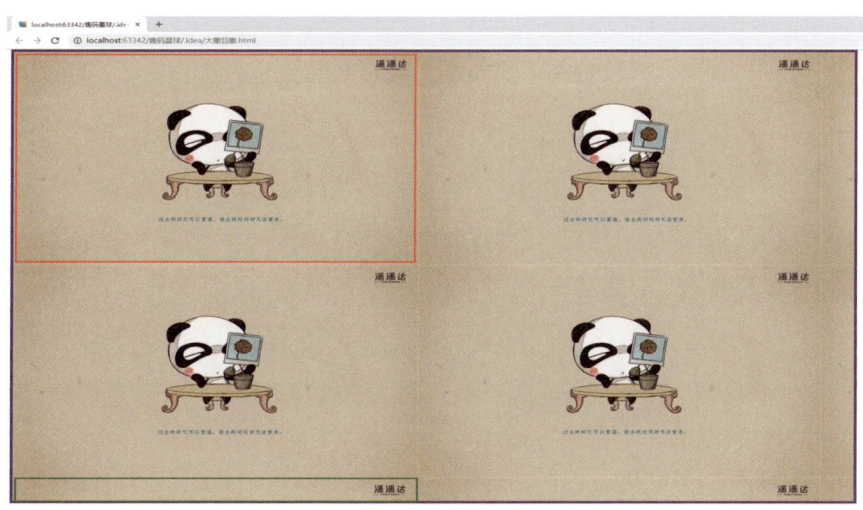

图3-4　背景效果图

图3-4的代码如下：

```
1    <!DOCTYPE html>
2    <html lang="en">
3    <head>
4      <meta charset="UTF-8">
5      <title></title>
```

```
6      <style>
7        div{
8          width:1500px;
9          height:1000px;
10         background-image:url("../卡通2.jpg");
11         border:5px solid purple;
12       }
13     </style>
14   </head>
15   <body>
16   <div></div>
17   </body>
18   </html>
```

图3-4中左上角红色框是图片本身的大小，原始图片的宽高是720px×450px，明显小于div标签中的1500px×1000px，所以div里添加了4张图片，直到铺满整个div元素为止。

左下角绿色框重复添加了同一张图片，但因为底部的空间有限，所以只显示图片的一部分，超出div标签的部分不会被显示出来。如果想要整个背景中只显示一张图片，要如何做到呢？来，看下面！

background-repeat属性

background-repeat用于设置背景图片的重复属性，可以控制背景图不重复，也可以让背景图沿坐标轴固定方向重复。它的属性值如表3-1所示。

表3-1　background-repeat的属性值

属性值	描述
repeat	默认值，背景图沿着X轴与Y轴重复
no-repeat	背景图只出现一次
repeat-y	背景图只沿着Y轴重复
repeat-x	背景图只沿着X轴重复

表3-1属性值中的no-repeat可以解决背景图重复的问题，给div样式添加了background-repeat: no-repeat后的效果，如图3-5所示。

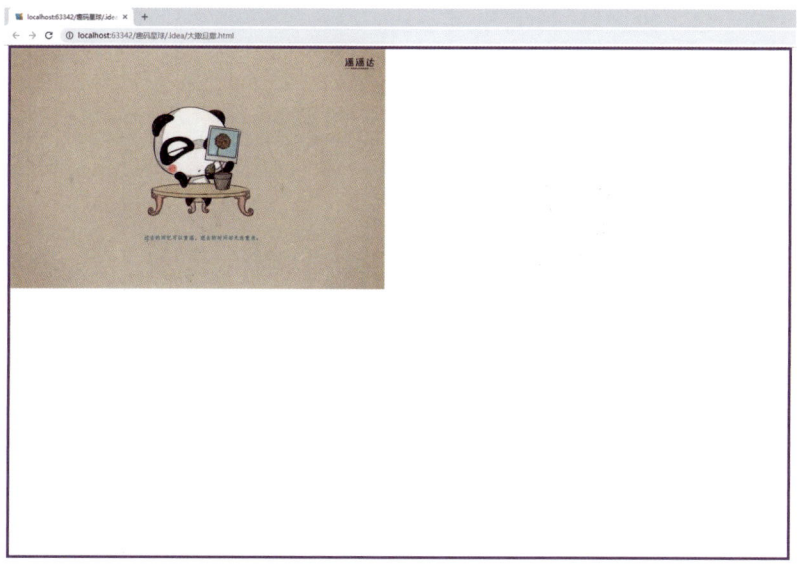

图3-5　background-repeat: no-repeat效果图

图3-5中div的宽高依旧不变,但背景图并没有重复显示,这就是no-repeat的效果,不让背景图重复。no-repeat是background-repeat中最常用的属性值。

repeat-y:沿着Y轴重复,如图3-6所示。

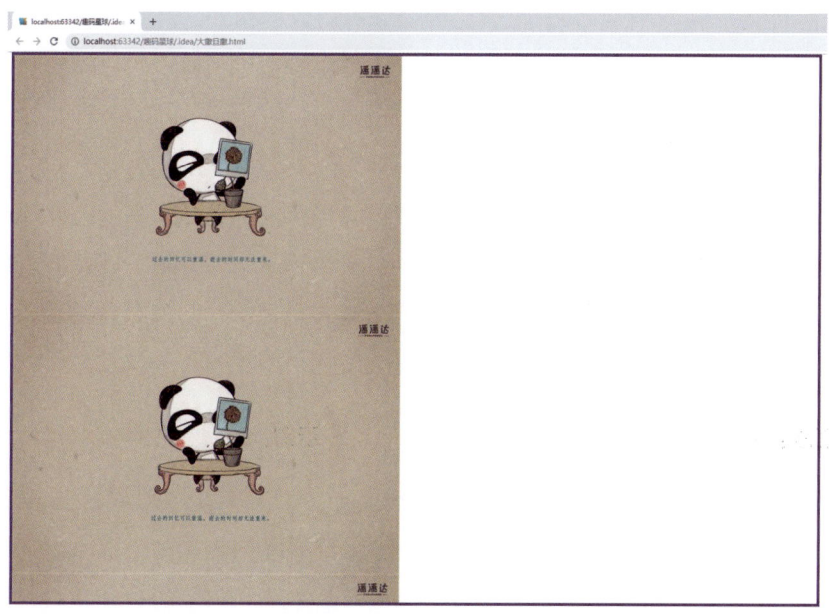

图3-6　background-repeat: repeat-y效果图

repeat-x：沿着 X 轴重复，如图3-7所示。

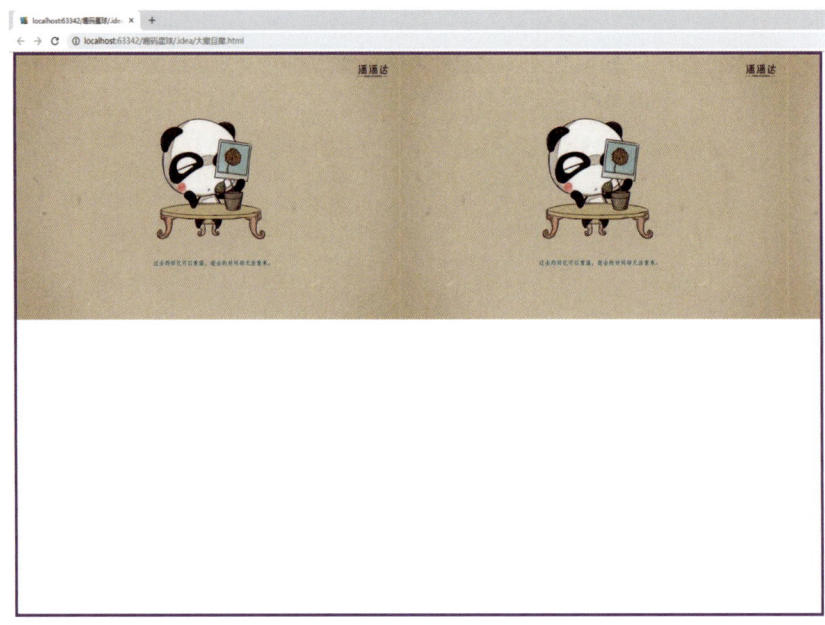

图3-7　background-repeat: repeat-x效果图

解决了图片小于元素宽高时会重复的问题，如果想让一张图片直接填满整个元素应该怎么做呢？由于图片小于元素，只能调节图片的大小，这就需要用到一个新的属性——background-size。

background-size属性

background-size（背景图片大小）：该属性用来控制背景图的大小。

属性值可以为数字，必须带单位。属性值为2个值的时候，第1个表示宽度，第2个表示高度；属性值为一个值的时候表示宽度，跟img一样，调整宽度可以等比例缩放图片。语法与示例如下：

> 语法：backgournd-size:宽度 高度；　　　示例：backgournd-size:100px 50%；

属性值为百分比（%）时，取值范围为1%~100%。实际宽高是根据该元素本身的宽、高乘以百分比来计算的，例如当前元素宽度为100px，该元素的背景图片宽度调整为50%，背景图的宽度就为100×50%=50px。如图3-8所示，我们使用"background-size:100% 100%"后，图片填满了整个元素。

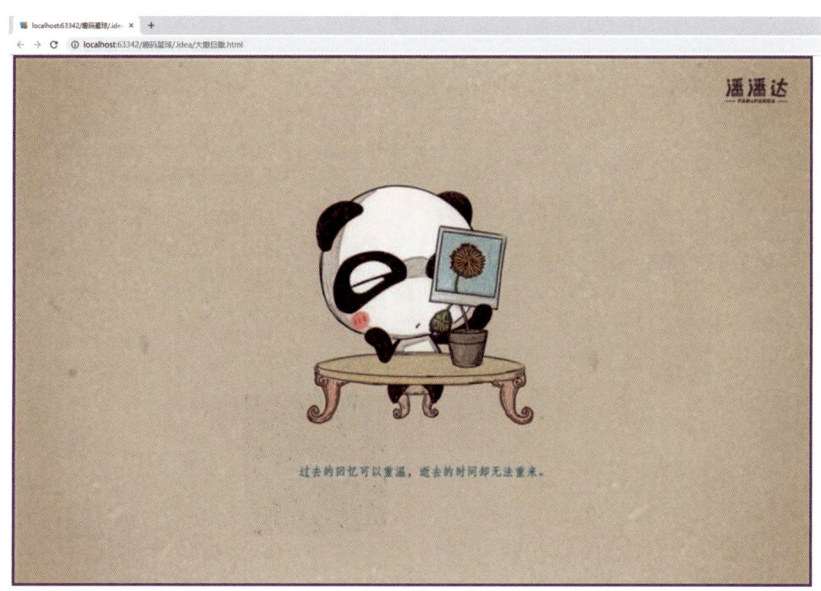

图3-8　background-size:100%效果图

class选择器

在HTML中,给标签添加class属性,属性值为名称,语法如下:

<h1 class="名称"></h1>

在CSS中,想要设置对应标签中的class属性,选择器名称前面必须加上"."号,如:.名称{ 样式 }。

● class属性跟id属性不一样,id是私有,而class是公有。可以理解为人名,名字可以同名,但身份证只有一张,意思是多个标签可以使用相同的class选择器。如果多个标签样式相同,就可以使用class属性,以减少代码量,方便后期操作。

● class属性可以放置任意多个名称,名称中间用空格隔开,每个名称代表一个class选择器,语法如下:

<h1 class="名称1 名称2"></h1>

💡 注意

如果该页面只需要CSS样式,推荐使用class属性,尽量不要使用id属性。
一般把class选择器称为类选择器,也有很多人把class直接叫作"类",class名称叫作"类名"。

class选择器的实例代码与效果图（图3-9）如下：

```
1   <!DOCTYPE html>
2   <html lang="en">
3   <head>
4     <meta charset="UTF-8">
5     <title>趣码星球</title>
6     <style>
7       .box{
8         width:120px;
9         height:120px;
10        background:pink;
11      }
12      .black{
13        background:black;
14      }
15    </style>
16  </head>
17  <body>
18    <div class="box"></div>
19    <div class="box black"></div>
20    <div class="box"></div>
21  </body>
22  </html>
```

图3-9　class选择器示例

注：图3-9中的"box""black"字样为提示文字，方便理解，并非页面效果。

● 代码第7~11行，选择器名前用"."来表示class选择器。

● 代码第18~20行，因为class可以复用，div标签都添加了class属性，名称为box，所有class名称带有box的标签都会被第7行的class选择器设置样式，这样3个div标签都获取了.box的样式。

● 代码第12~14行设置了名称为black的class属性，第19行class属性添加了2个类，box和black，表示可以被选择器.box与.black同时设置样式。

如图3-9所示，第二个div标签的背景为黑色，这是因为代码第10行和第13行都设置过background的颜色，CSS遵循代码从上往下执行的步骤，相同的属性则会出现前面被后面覆盖的情况。同理，如果把.black放在.box的前面，那么代码从上往下执行时，.black的背景属性就会被.box覆盖，则方块变成粉色。

💡 注意

class选择器一般用于设置CSS样式，由于class可以被多个标签反复使用的特性，所以经常在需要大量重复的标签样式中用到。它的效率远远高于id选择器，推荐使用class选择器来设置样式。

id与class命名规范

当代码中存在大量id和class属性时，命名是个让人头疼的问题。很多人一开始会使用数字，例如m1、m2之类的名称，但这样的命名不能见名知意。别人阅读你的代码时根本不知道CSS选择器指的是哪个部分，当你阅读别人代码时也不希望见到这样的命名。程序员们为了使自己的代码能更容易地进行相互之间的交流，便制定了3种命名方式与命名规范。

命名方式

- 驼峰命名法：第一个单词开头用小写，之后的每个单词首字母大写。例如：leftBox，left和box是两个单词，box首字母大写。
- 横线命名法：单词之间用短横线隔开，例如：left-box。
- 下划线命名法：单词之间用下划线隔开，例如：left_box。

命名规范

- id与class的名称只能由字母、数字、下划线、短横线组成。
- id与class的名称不能以数字开头。
- id与class的名称不能是关键字。

💡 注意

在命名时一定要严格遵守命名规则，养成良好的命名习惯。

外边距（margin）

轻松学

margin属性可以给元素设置4个方向（上下左右）的外边距属性，外边距是子元素与父元素之间的距离。4个方向的外边距属性设置详见表3-2。

表3-2　margin方向属性介绍

属性	描述
margin-top	上边距

（续表）

属性	描述
margin-right	右边距
margin-bottom	下边距
margin-left	左边距

这些属性为单边距属性，设置一个方向的外边距时使用。

● margin的属性值是数字，可以是正数，也可以为负数。正数表示远离，负数表示靠近，margin的颜色是透明（transparent）的。

● 如果需要给四周都加上边距，写4个属性是不是很麻烦呢？不着急，CSS中提供了一个可以设置4个方向边距的属性，这个属性就是margin简写属性，下面来看它的语法。

margin简写属性语法

> margin：上边距 右边距 下边距 左边距；

简写顺序是顺时针，从上边距开始，以左边距结束。属性值之间用空格隔开，必须加单位，通常使用px单位，值为0的时候可以不加单位。

margin属性值最多可设置4个，最少1个，属性值数量不同，效果也不同，如下：

1. 4个属性值的情况下，顺序是上边距、右边距、下边距、左边距。

2. 3个属性值的情况下，顺序是上边距、左右边距、下边距。

3. 2个属性值的情况下，顺序是上下边距、左右边距。

4. 1个属性值的情况下，四边同时设置相同边距。

margin水平居中

margin可以让元素相对父元素居中，前提是元素必须是块级元素并且有宽度，语法如下：

> 语法：margin:0 auto；

第1个属性值控制元素上边距和下边距与父元素之间的距离。

auto表示让左右边距自动适应，使元素水平居中，效果如图3-10所示。

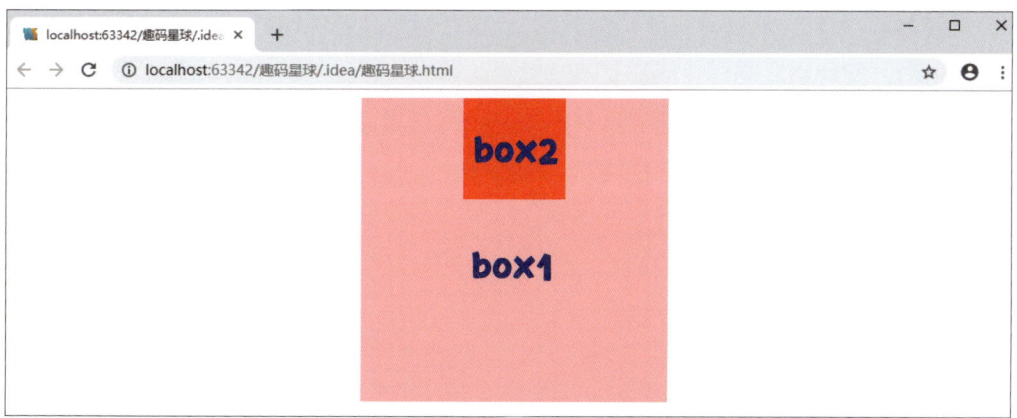

图3-10　margin水平居中效果图

注：图3-10中的"box1""box2"字样为提示文字，方便理解，并非页面效果。

如图3-10所示，给box1盒子设置margin:0 auto。body标签是它的父元素，所以，box1盒子相对浏览器居中。box2盒子相对于box1盒子水平居中，因此，红色方块相对于粉色边框居中。核心代码如下：

```
<style>
    .box1{
        margin:0 auto;
        width:300px;
        height:300px;
        background:pink;
    }
    .box2{
        margin:0 auto;
        width:100px;
        height:100px;
        background:red;
    }
</style>
</head>
<body>
    <div class="box1">
        <div class="box2"></div>
    </div>
</body>
</html>
```

轻松练

margin使元素之间保持间距的实例代码（部分）与效果图（图3-11）如下：

```
1   <style>
2     *{
3       margin:0;
4     }
5     .box1{
6       width:200px;
7       height:100px;
8       margin:10px 0 10px 25px;
9       background:pink;
10    }
11    .box2{
12      width:200px;
13      height:100px;
14      margin-top:10px;
15      margin-left:25px;
16      background:red;
17    }
18  </style>
19  </head>
20  <body>
21    <div class="box1"></div>
22    <div class="box2"></div>
23  </body>
24  </html>
```

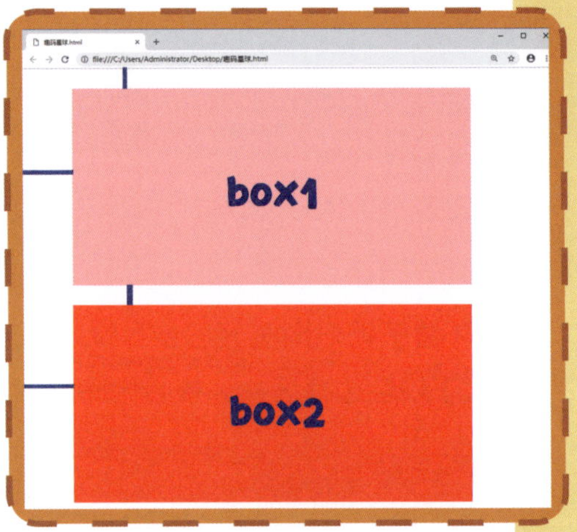

图3-11　margin使各元素相隔的效果图

注：图3-11中的"box1""box2"字样为提示文字，方便理解，并非页面效果。

思维导学

1. 如图3-11所示，2个盒子距离顶部与左边的距离是一样的。

2. 代码第8行，给box1粉色盒子设置了margin简写属性，4个属性值分别表示：10px：上边距为10px；0：因为右边是空白，可以用0；10px：底边距为10px；25px：左边距为25px。

3. 代码第11~17行，给box2设置了单边距属性top和left，box2同样距离左边25px。再看box1与box2的距离，box1下边距10px，box2上边距10px，它们之间应该会有20px的距离，但实际只有10px的距离。这是因为2个元素的上下边距如果相邻，会使用数值较大的边距，两者一样就使用当前值。如果box1下边距设置为20px，那么，它们之间的距离就是20px，另一个较小的数值会被忽略。

> 💡 **注意**

margin 属性可以隔开元素间的距离，让元素与元素之间互不相干，结构清晰。

margin 属性可用于调整元素的位置，增加美观度。

在网页中，margin 无处不在。我们平时在浏览网页的时候，可以多观察哪些地方使用了 margin 属性。

内边距（padding）

轻松学

padding 属性用于设置元素的内边距，padding 区域指一个元素内容和其边界之间的距离，属性值不能为负数。4个内边距属性分别是：padding-top、padding-right、padding-bottom 和 padding-left。

padding 的属性与语法和 margin 完全一致。

- padding 会影响元素尺寸，如果有需要，可在与 padding 对应方向的宽高上减去 padding 值。
- padding 的值可以使用百分比（%），表示相对于父元素的宽高乘以设置的百分比来计算值。
- padding 会被 background-color 填充颜色，默认颜色为透明。
- 行级元素不支持 padding-top 与 padding-bottom 属性。

轻松练

padding 的实例代码与效果图（图3-12）如下：

```
1   <!DOCTYPE html>
2   <html lang="en">
3   <head>
4     <meta charset="UTF-8">
5     <title>趣码星球</title>
6     <style>
7       .box1{
8         width:200px;
9         height:100px;
10        background:pink;
11        margin:10px;
12      }
13      .p-left{
14        padding-left:20px;
15      }
16    </style>
```

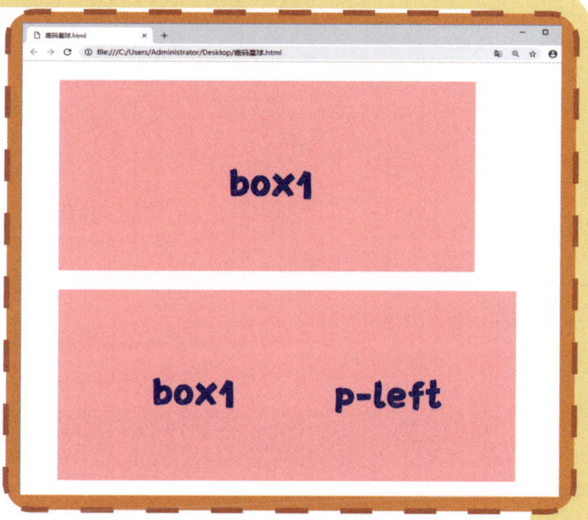

图3-12　padding 属性效果图

```
17    </head>
18    <body>
19      <div class="box1"></div>
20      <div class="box1 p-left"></div>
21    </body>
22  </html>
```

注：图3-12中的"box1""p-left"字样为提示文字，方便理解，并非页面效果。

思维导学

第2个粉色方块比第1个宽，因为添加了padding-left，同时padding区域也被填充了颜色。如果想让宽度保持不变，在width上减去padding增加的值即可。

💡 注意

padding用于间隔元素与内容，让内容（文字）与元素（包裹）边界之间保持一定距离。

边框（border）、描边（outline）

轻松学

● 边框（border）：给元素内容最外层添加边框，是控制边框宽度、线型、颜色的一种属性，用于美化页面和标明界限。border会占位，增加元素实际占位的宽高。

● 描边（outline）：增强页面效果，border拥有的属性outline基本都有，语法与border完全一致。但outline不占位，若元素已有border属性，则outline套在border外层，没有border则加在元素内容上。

● border-width、outline-width：边框宽度，属性值为数字，单位通常用px。

● border-color、outline-color：边框颜色，属性值与color一样。

● border-style、outline-style：边框样式，常用的属性值有4个，如表3-3所示。

边框样式如图3-13所示。

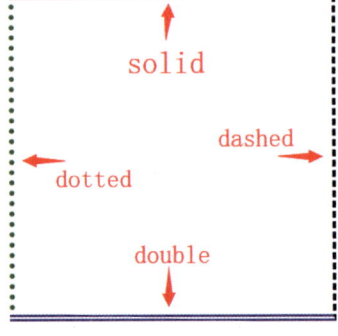

图3-13 border样式图

表3-3 边框样式属性值

属性值	描述
solid	实线

（续表）

属性值	描述
dashed	虚线
double	双实线
dotted	点状线

border、outline属性值简写语法基本相同，默认给四面边框都设置样式，border的语法与示例如下：

语法：border：width style color；　　　　示例：border：2px solid red；

缺少style属性，边框不会生效。

缺少width属性，边框默认宽度为1px。

缺少color属性，边框颜色默认为黑色。

设置border:20px solid red 和 outline:10px solid pink，实例代码与效果图（图3-14）如下：

```
1   <!DOCTYPE html>
2   <html lang="en">
3   <head>
4       <meta charset="UTF-8">
5       <title>趣码星球</title>
6       <style>
7         .box{
8           width:200px;
9           height:200px;
10          border:20px solid red;
11          outline:10px solid  pink;
12        }
13      </style>
14  </head>
15  <body>
16      <div class="box"></div>
17  </body>
18  </html>
```

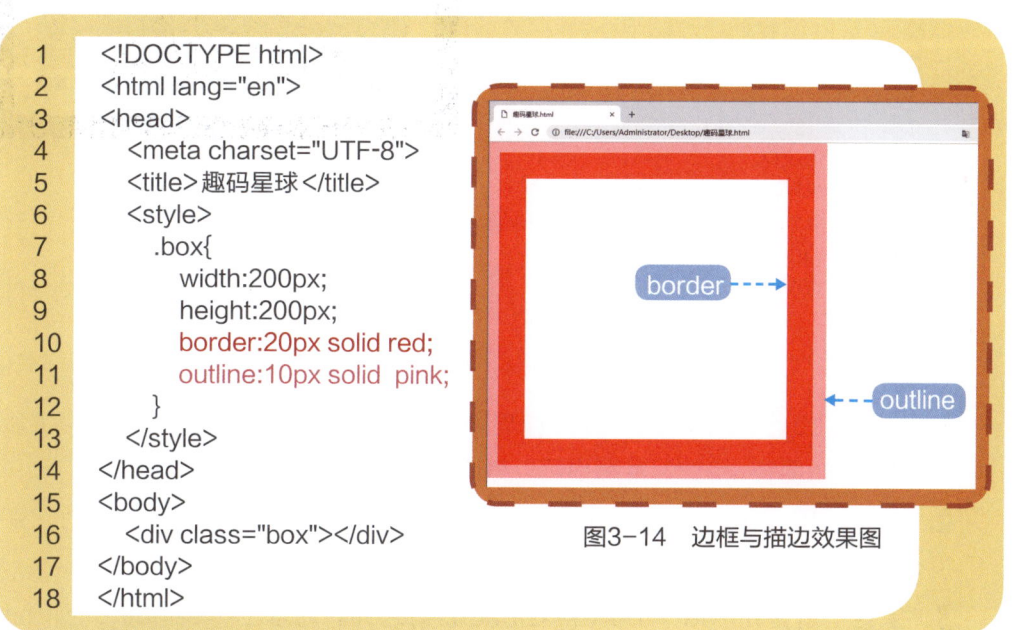

图3-14　边框与描边效果图

border的单边框属性，一般设置单边框时使用。

border-top：设置上边框。

border-right：设置右边框。

border-bottom：设置下边框。

border-left：设置左边框。

💡 **注意**

outline无法设置单方向描边，没有类似border的单边框属性。

例如：border-left:2px solid red；outline-top:5px solid black；其中border-left可以生效，outline-top是无法生效的。

轻松练

边框的效果与相框一样，其代码与效果图（图3-15）如下：

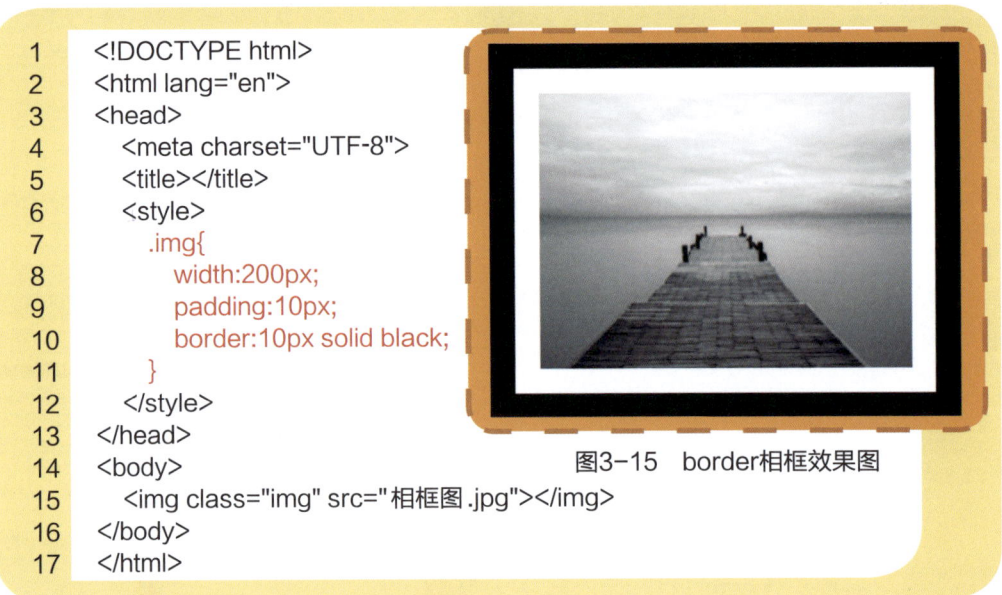

```
1   <!DOCTYPE html>
2   <html lang="en">
3   <head>
4     <meta charset="UTF-8">
5     <title></title>
6     <style>
7       .img{
8         width:200px;
9         padding:10px;
10        border:10px solid black;
11      }
12    </style>
13  </head>
14  <body>
15    <img class="img" src="相框图.jpg"></img>
16  </body>
17  </html>
```

图3-15　border相框效果图

思维导学

1. 代码第15行引入了一张图片，代码第8行给图片设置了宽的值，这是为了让图片等比例缩放；同样，单独设置高也可以等比例缩放。

2. 白色框是padding，padding区域的颜色随着元素背景色变化。因为元素本身没有背景颜色，页面背景默认白色，padding区域也会默认为白色。

3. 黑色框就是border，border在padding之外。元素已有padding时，border套在padding外；没有padding时，就套在width与height上。

知识点小实例：

图3-16　淘宝首页使用border与outline的效果图

图3-16是淘宝网首页，图中用蓝色箭头标注的边框就是使用border与outline制作的。在网页中，border与outline使用量非常大，几乎任何网页都少不了这2个属性。

💡 **注意**

border边框在网页制作中会经常用到，往往用来给元素添加装饰，让元素之间划清界限，这种设置有利于阅读。

outline描边的效果与border基本一样，但outline不会占位，不会影响width和height。能用border的地方也能使用outline，但outline的缺点是不能像border一样设置单边框。

👉 **通关秘籍**

1. id选择器是唯一的，不能用于多个元素。语法：#id名称。选择器必须与标签的id名一致。
2. color属性控制字体颜色，属性值为英文单词或者"#十六进制数"。
3. width、height分别控制元素的宽和高，只对块级元素有效。
4. class选择器是公用的，可以给多个元素使用。class属性可以放置任意多个名称，名称之间用空格隔开。

5. margin属性控制子元素与父元素之间的距离，属性值可以是正数，也可以是负数，正数表示远离，负数表示靠近。可以让元素相对父元素水平居中。

6. padding属性控制元素的内容和边界之间的距离，属性值不允许有负数。使用padding并不会改变元素自身宽高。

7. border属性给元素添加边框样式，简写为border:width style color，属性值间用空格隔开。border会占位，算入宽度与高度之中。

8. outline属性给元素添加描边样式，outline的属性和语法与border基本一致，不过outline不能设置单描边。outline不占位，不会影响宽度与高度。

大显身手

一、编程基本功

1.（单选题）以下哪项是id选择器的正确书写格式？（　　）

A.id:名称

B.class="名称"

C.id="名称"

D.id=名称

2.（单选题）关于下面这段代码，描述正确的是（　　）。

```
.menu{
    width:100px;
    height:100px;
}
```

A.menu是标签选择器

B.menu是元素选择器

C.menu是id选择器

D.menu是class选择器

3.（判断题）在CSS中，margin属性是控制元素内边距的。（　　）

4.（判断题）在CSS中，一个元素的margin和padding不可以同时存在。（　　）

5.（填空题）给多个不同标签设置同样的样式可以用_____选择器，margin

的中文意思是_____，padding的中文意思是_____，background的中文意思是_____。

二、转动编程大脑

请用HTML+CSS写出一个名为box、宽高各100px、背景颜色为红色、内边距为20px、外边距为10px、边框为绿色的正方形图形。

3.3　CSS选择器进阶

知识目标

1. 掌握CSS中常用的选择器。
2. 灵活运用选择器的特性。
3. 了解选择器之间的关系。
4. 掌握通配符的使用。

指点迷津

标签选择器

轻松学

标签选择器直接选中标签，不需要与id和class属性绑定。语法与示例如下：

```
语法:标签{                    示例:div{
     属性:属性值;                   属性:属性值;
    }                             }
```

该选择器示例代码表示选中代码中所有的div标签。

- 该选择器标签是找到代码中所有的同名标签。
- HTML标签名字都能作为标签选择器。

轻松练

标签选择器的实例代码（部分）与效果图（图3-17）如下：

```
1   <style>
2     span{
3       color:red;
4     }
5     div{
6       width:100px;
7       height:100px;
8       background:pink;
9     }
10  </style>
11  </head>
12  <body>
13    <div>div标签</div>
14    <span>span标签</span>
15    <div>div标签</div>
16    <span>span标签</span>
17    <div>div标签
18      <span>span</span>
19    </div>
20  </body>
21  </html>
```

图3-17　标签选择器

思维导学

代码第2行给span标签添加了样式；第5行，选中div标签并增加了样式。从图3-17中可以看到，3个div标签和3个span标签都被设置了样式。因为标签选择器会选中代码中所有的标签，所以第17~19行div标签里包裹的span标签也会被选中，并呈现已经设置好的样式。

💡 **注意**

标签选择器往往用于需要给大量相同的标签增加相同的样式时，但同时也会存在一些问题。例如，如果只想给div标签内的所有span标签设置样式，但又不影响div标签之外的span标签，这时候就不能用标签选择器，而需要用后代选择器。

后代选择器

轻松学

后代选择器，用来选择特定元素的后代。在CSS中，HTML文档元素发生嵌套时，内层的元素就成了外层元素的后代。如元素B嵌在元素A内部，B就是A的后代。而且，B的后代也是A的后代，就像家族关系。

● 定义后代选择器时，外层的元素写在前面，内层的元素写在后面，中间用空格分隔。后代选择器会影响到它的各级后代，没有层级限制，样式只会被设置在最后一个选择器上，语法与示例如下：

语法：选择器 选择器{
　　属性:属性值;
}

示例：#box .new span{
　　属性:属性值;
}

选择器名称与名称之间有空格的就是后代选择器。示例表示找到id名为box标签下的名为new的class选择器中的span标签。后代选择器在CSS选择器中使用得非常频繁。

● 后代选择器可以解决标签选择器默认全选的弊端。

轻松练

后代选择器的实例代码（部分）与效果图（图3-18）如下：

```
1   <style>
2       .box p{
3           width:200px;
4           height:200px;
5           background:pink;
6       }
7       #box2 .p4{
8           width:200px;
9           height:200px;
10          background:red;
11      }
12  </style>
13  </head>
14  <body>
15      <p>p1</p>
16      <div class="box">
17          <p>p2</p>
18      </div>
19      <p>p3</p>
20      <span id="box2">
21          <div>
22              <p class="p4">p4</p>
23              <p></p>
24          </div>
25      </span>
26  </body>
27  </html>
```

图3-18　后代选择器

注：图3-18中的"p2""p4"字样为提示文字，方便理解，并非页面效果。

思维导学

1. 图中有4个p标签，需要给p2和p4添加样式，如果直接使用标签选择器，那么全部p标签都会被设置样式。为了避免这种情况，可以配合使用后代选择器。

2. 代码第16~18行，p标签被box包裹着，因为只给box里面的p标签设置样式，代码第2行就使用了后代选择器".box p"，这样就能获取到p标签的样式，同时避免标签选择器全选的问题。也可以给p标签加上class属性，但这样会导致命名过多，后期命名匮乏。

3. 代码第21~24行，两个p标签都被div和span包裹着，如果只给里面第1个p标签设置样式，就不能使用标签选择器。选中box2下的p4标签，这样就不会选中第2个p标签，只有class名为p4的标签被设置了红色背景。

4. 代码第7行，"#box2.p4"这里只有两层，但20~25行代码中，它们之间还有一个div标签，样式依旧能加上去。说明<u>后代选择不用一级一级去选择，可以跳过多层元素</u>。

注意

后代选择器可以精准选中元素，不会对其他元素造成影响。后代选择器的层级一般不超过3层，但必须是该元素的子元素。

群组选择器

轻松学

<u>群组选择器可以给多个选择器设置样式</u>，需要设置的选择器用<u>逗号隔开</u>，语法与示例如下：

```
语法：选择器,选择器{
       属性:属性值;
     }

示例：div,.box,#top{
       属性:属性值;
     }
```

示例表示div标签、名为box的class选择器、名为top的id选择器都被设置上了样式。群组选择器适合多个元素大部分样式相同时使用，这样可以大量减少重复代码，提升网页性能。

轻松练

制作2个宽高均为200px，背景为粉色，一个边框为黑色，一个边框为紫色的正方形。这时候就可以用到群组选择器，实例代码与效果图（图3-19）如下：

第3章 宝藏的钥匙——CSS

```
1   <!DOCTYPE html>
2   <html lang="en">
3   <head>
4       <meta charset="UTF-8">
5       <title>趣码星球</title>
6       <style>
7       .box1, .box2{
8           width:200px;
9           height:200px;
10          background:palevioletred;
11      }
12      .box1{
13          border:5px solid black;
14      }
15      .box2{
16          border:5px solid blueviolet;
17      }
18      </style>
19  </head>
20  <body>
21      <p class="box1"></p>
22      <p class="box2"></p>
23  </body>
24  </html>
```

图3-19 群组选择器

注：图3-19中的"box1""box2"字样为提示文字，方便理解，并非页面效果。

思维导学

1. 先观察效果图3-19，2个方块宽高背景都一样，只有边框颜色不一样。

2. 代码第7~11行，2个方块共同的属性有width、height、background，所以可以用群组选择器一起设置样式：.box1, .box2 。

3. 代码第12~17行，box1与box2中各自不一样的属性可以再用选择器设置一次，后面的选择器只会覆盖相同属性，不同属性则会添加进去。

💡 **注意**

群组选择器可以大幅减少重复代码，提高编写效率，降低代码出错率。因此，它是必须熟练掌握的一个选择器。

伪类选择器

轻松学

同一个标签，根据其不同的状态，有不同的样式，这就叫作"伪类"。伪类选择器用冒号来表示。

- hover是伪类选择器之一，表示鼠标悬停在元素上时发生的变化，语法如下：

```
选择器:hover{
  属性:属性值；
}
```

- active也是伪类选择器之一，表示按住鼠标左键时发生的变化，语法如下：

```
选择器:active {
  属性:属性值；
}
```

轻松练

hover、active选择器的实例代码与效果图3-21、图3-22（图3-20为初始状态图）如下：

```
1   <!DOCTYPE html>
2   <html lang="en">
3   <head>
4     <meta charset="UTF-8">
5     <title>趣码星球</title>
6     <style>
7       .box1{
8         width:200px;
9         height:200px;
10        background:palevioletred;
11      }
12      .box1:hover{
13        background:red;
14      }
15      .box1:active{
16        height:400px;
17        background:powderblue;
18      }
19    </style>
20  </head>
21  <body>
22    <p class="box1"></p>
23  </body>
24  </html>
```

图3-20　初始状态

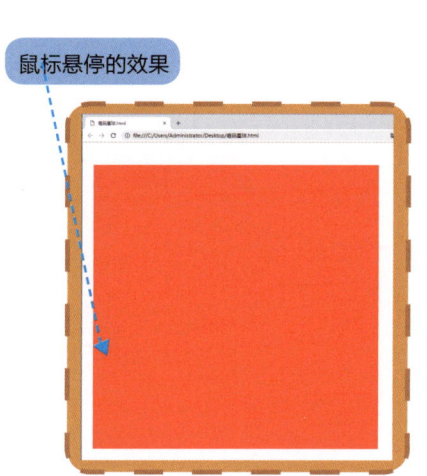
图3-21　hover后的状态

图3-22　active后的状态

思维导学

1. 初始状态为紫色方块，鼠标悬停后变为红色方块。代码第12行，给box1设置了hover选择器，背景颜色为红色，表示悬停上去后背景颜色会变为红色。

2. 粉蓝色方块是按住鼠标后的效果。代码第15行，给box1设置了active选择器，背景颜色为粉蓝色，高度400px，按住鼠标后生效，这说明一个选择器可以使用多个伪类。

💡 **注意**

伪类hover与active里面可以设置任何样式，比如width、height等。大家可以多去其他网站观察鼠标悬停后的效果，自己也可以试着做一做。

通配符

轻松学

通配符是一种控制所有标签样式的选择器，用来清除所有标签自带的样式，使用"*"号表示，语法如下：

```
*{
  属性:属性值;
}
```

轻松练

通配符的实例代码与效果图3-24（图3-23为标签自带样式）如下：

```html
1   <!DOCTYPE html>
2   <html lang="en">
3   <head>
4       <meta charset="UTF-8">
5       <title>趣码星球</title>
6       <style>
7           *{
8               margin:0;
9               padding:0;
10              text-decoration:none;
11          }
12          .box1,.box2{
13              width:200px;
14              height:200px;
15              background:palevioletred;
16          }
17      </style>
18  </head>
19  <body>
20      <p class="box1"></p>
21      <p class="box2"></p>
22      <a href="#">雅典娜</a>
23      <a href="#">孙大圣</a>
24  </body>
25  </html>
```

 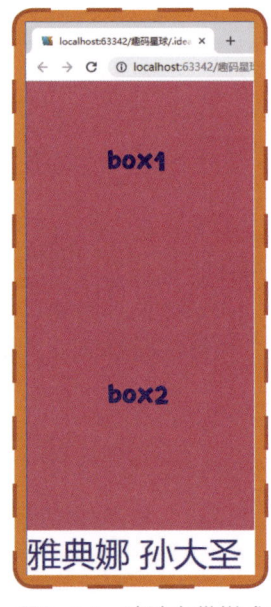

图3-23　标签自带样式　　图3-24　清除自带样式

注：图3-23和图3-24中的"box1""box2"字样为提示文字,方便理解,并非页面效果。

思维导学

1. HTML中很多标签都自带样式属性，例如p、h1~h6标签，都自带padding属性。body标签自带"margin:8px"属性，这也就是元素不能紧贴浏览器边框的原因。

2. 如图3-23所示，元素之间都被自带的样式属性隔开了，a标签自带下划线。如果不需要这些自带属性，就需要用通配符"*"取消全局的自带样式。

3. 如图3-24所示，标签自带样式已经被清除，元素紧贴在一起。代码第7~11行，使用通配符控制全局的特性，把页面中的margin和padding都清除，使p标签自带属性清零，这样两个p标签就不会隔开了。text-decoration属性用于取消a标签自带的下划线。

> **注意**
>
> 通配符通常用来清除标签的自带属性，使其更好地按照自己的设计进行网页布局。推荐把通配符写在style标签的开始部分，通配符不会影响后面所添加的CSS属性。

通关秘籍

1. 标签选择器用于根据指定的标签名，在当前界面中找到所有该名称的标签，语法如下：

  标签名{ }

2. 后代选择器用于嵌套关系复杂的HTML结构，标签之间必须是父子关系才会生效。样式只会设置在最后一个选择器上，选择器之间用空格隔开，语法如下：

  选择器1 选择器2{ }

3. 群组选择器适用于不同选择器有着相同样式的情况，可以减少重复代码量。选择器之间用逗号隔开，每个选择器都会被设置同一样式，语法如下：

  选择器1,选择器2{ }

4. 伪类选择器：hover与active。选择器与伪类之间用":"连接。hover表示鼠标悬停在该元素上的变化，active表示在该元素上按住鼠标左键时发生的变化。一个选择器可以添加多个伪类，语法如下：

  选择器:hover{ }

  选择器:active{ }

大显身手

一、编程基本功

1.（单选题）下列哪项是后代选择器？（　　）
A. p{ }　　　　　　　　　　　　B. .box{ }
C. #menu{ }　　　　　　　　　　D. p. box{ }

2.（单选题）下列哪项不是群组选择器？（　　）
A. p,#box{ }　　　　　　　　　　B. .box #id{ }
C. h2,p{ }　　　　　　　　　　　D. p,.box{ }

3.（判断题）后代选择器中，选择器之间用逗号隔开。（　　）

4.（判断题）避免标签选择器全选的特性，可以将后代选择器与其配合使用。（　　）

5.（填空题）群组选择器中选择器之间用＿＿＿＿隔开，后代选择器用＿＿＿＿隔开。

二、转动编程大脑

若存在一段HTML代码，包含p标签、div标签、h2标签各1个，这3个标签内都嵌套着2个p标签和span标签。

要求：给h2标签里的所有p标签添加宽高100px，背景为红色的盒子。另外给div标签里面的所有span标签设置字体颜色为绿色，请写出CSS样式代码。

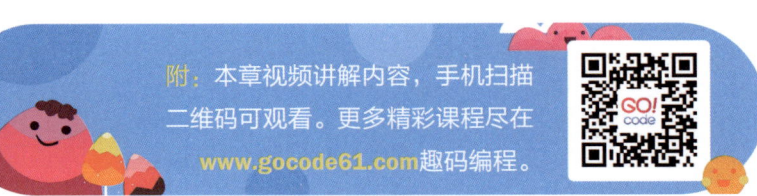

第4章

字体与文本

4.1 字体操作属性

知识目标

1. 认识字体的操作属性。
2. 掌握字体属性的使用。

指点迷津

字体类型（font-family）

font-family属性用于定义字体类型，例如宋体、微软雅黑、楷体等。可以设置多个属性值，属性值为字体名称，语法及示例如下：

语法：font-family:字体名称；　　　　　示例：font-family:"微软雅黑"；

设置多个值是为了让浏览器按照属性值的顺序依次搜索字体。例如：font-family:"arial,微软雅黑"，表示如果电脑没有arial字体，就会使用微软雅黑字体。如果只设置一个字体，可以不加引号，设置多个字体必须加引号，且字体之间用逗号隔开。

字体大小（font-size）

font-size属性用于控制文字的字体大小，浏览器默认字体大小为16px，属性值为数字，单位通常为px，语法及示例如下：

语法：font-size:数字＋单位；　　　　　示例：font-size:30px；

示例的效果如图4-1所示。

图4-1　font-size效果图

字体样式（font-style）

font-style 属性用于控制文字的字体样式，浏览器默认显示标准字体，该属性有 3 个属性值，具体见表 4-1。

表4-1 font-style的属性值

属性值	描述
normal	标准（默认）
italic	斜体
oblique	倾斜

以上3个属性值的效果如图4-2所示。

图4-2 font-style效果图

字体粗细（font-weight）

font-weight 属性用于控制字体粗细，font-weight 有 4 个属性值，具体见表 4-2。

表4-2 font-weight的属性值

属性值	描述
normal	标准（默认）
bold	粗体
bolder	超粗体
lighter	细体

以上4个属性值的效果如图4-3所示。

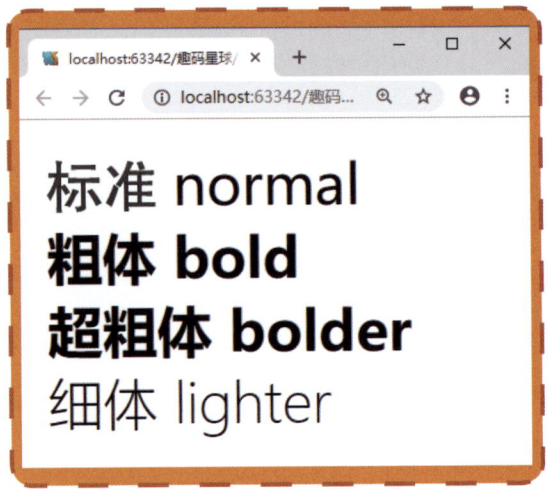

图4-3　font-weight效果图

字体属性简写（font）

轻松学

在网页规范中，需要对字体设置多种属性，例如加粗、控制大小、倾斜等，但写多个属性又太麻烦，故可以使用CSS提供的font简写属性。

> 语法:font:font-style font-weight font-size/line-height font-family；
> 示例:font:oblique bold 20px/30px 微软雅黑；

💡 **注意**

line-height用于控制行高，在下一节的文本控制属性中有说明。

在font简写属性值中，属性值之间用空格隔开。font-style、font-weight、line-height的值可以不写，但font-size和font-family的值是必须存在且顺序固定的，例如:font:20px 微软雅黑。

轻松练

用一首古诗来详解font属性的用法，实例代码（部分）与效果图（图4-4）如下：

```
1    <style>
2      .title{
3        font:italic 30px 楷体；
```

第4章 字体与文本

```
4          }
5         .p1{
6             font:bold 16px 微软雅黑;
7         }
8         .p2{
9             font-weight:bold;
10            font-size:20px;
11            font-family: 宋体;
12        }
13        .p3{
14            font:18px 楷体;
15        }
16        .p4{
17            font:bold italic 20px 微软雅黑;
18            color:hotpink;
19        }
20    </style>
21  </head>
22  <body>
23    <h1 class="title">春望</h1>
24    <h3>杜甫</h3>
25    <p class="p1">国破山河在,城春草木深。</p>
26    <p class="p2">感时花溅泪,恨别鸟惊心。</p>
27    <p class="p3">烽火连三月,家书抵万金。</p>
28    <p class="p4">白头搔更短,浑欲不胜簪。</p>
29  </body>
30  </html>
```

图4-4　font属性效果图

思维导学

1. 标题（春望）样式代码在第2行，font简写属性，"春望"变成斜体，italic是font-style中斜体样式的属性值。

2. "杜甫"是h3标签自带的加粗与字体大小样式。

3. 代码第5~7行是古诗第1句p1的样式。p1用的也是font简写，但font的第1个属性值与标题不一样。标题样式中第1个属性值是font-style中的italic（斜体），p1是font-weight中的bold（加粗）。这也印证了前面所讲：font属性中font-size和font-family必须存在且有顺序，font-style、font-weight可以写在font-size之前的任意位置。

4. 代码第8~12行是古诗第2句p2的样式，p2使用的是font单属性设置。如图4-4所示，p2和p1所需设置的样式类别是一样的，但p2的代码量比p1多，所以不

109

建议使用单属性来设置样式，推荐使用font简写属性。

5. 代码第13~15行是古诗第3句p3的样式，p3中的font只有必须设置的font-size和font-family 2个属性值，font-size一定要在font-family之前，否则不能生效。

6. 代码第16~19行是古诗第4句p4的样式，p4的font中style与weight并存，且位置可以相互交换。

知识点小实例：

图4-5　效果图

图4-5所示是趣码星球网页的一部分，图中红框标出的区域中，文本使用了color和font属性的元素，其文本的字体大小和颜色都不一样。可见，color通常与font配合使用，这样可使文本的阅读性更强，而且也更加美观。

💡 注意

字体属性在网页中占据着很重要的位置，平时浏览的网页中，有着各式各样的文字，我们用较大的文字凸显标题，较小的文字显示正文等其他文本。font简写属性中最常用的是"font:font-size/line-height font-family;"其他属性较少使用。

通关秘籍

1. font-size 控制字体大小，单位通常是px。

2. font-family 控制字体类型，属性值是字体名称，一个值可以不加双引号，多个值必须加双引号，且用逗号隔开。

3. font-weight 控制字体粗细，通常使用bold。

4. font-style 控制字体样式，通常使用 italic。

5. font是控制字体、简化代码量的一种简写属性。推荐使用font简写，其写法和顺序是"font:font-style font-weight font-size/line-height font-family;" font-size之前的属性值可以随意调换位置，也可以不写。size和family必须存在且遵循语法顺序。

大显身手

一、编程基本功

1.（单选题）在CSS中，需要设置文本的字体是"隶书"，会用到以下哪项属性？（   ）
A. font-size   B. font-family
C. font-style   D. face

2.（单选题）若使用CSS控制字体的大小，则应该设置（   ）属性。
A. font-family   B. font-weight
C. font-size   D. font-style

3.（判断题）font-style 属性控制字体样式。   （   ）

4.（判断题）font简写属性font-size之前的属性值没有顺序之分。 （   ）

5.（填空题）font简写属性必须存在的属性值是_____、_____。

6.（简答题）写出font-style、font-size、font-family、font-weight各属性的作用。

二、转动编程大脑

使用font简写属性写出"字体大小为15px、字体为微软雅黑、文字加粗"的代码。

4.2 文本操作属性

知识目标

1. 掌握文本属性的使用。
2. 了解列表标签样式的处理。
3. 熟练掌握文本垂直、水平居中在网页中的使用。

指点迷津

文本行高（line-height）

轻松学

文本行高（line-height）用于控制文本行间距，可以理解为一行文字占据的高度。如果行高值等于父元素的高度，那么就会相对于父元素垂直居中。属性值为数字，单位通常为px，语法与示例如下：

语法：line-height: 数字＋单位；　　　　　　　　　**示例**：line-height:20px;

轻松练

行高的实例代码（部分）与效果图（图4-6）如下：

```
1   <style>
2       .box{
3           width:300px;
4           height:300px;
5           border:1px solid red;
6           margin-top:10px;
7           line-height:100px;
8       }
9       .center{
10          line-height:300px;
11      }
12  </style>
13  </head>
14  <body>
15      <div class="box">
16          <div>锄禾日当午,汗滴禾下土。</div>
17          <div>谁知盘中餐,粒粒皆辛苦。</div>
18      </div>
19      <div class="box center">锄禾日当午,汗
20          滴禾下土。</div>
21  </body>
22  </html>
```

图4-6　line-height效果图

思维导学

1. 如图4-6所示，2个div标签都被设置了行高，但是第1个div标签的第1行文本距盒子顶端的距离与第2行到第1行的距离是不一样的，这是为什么呢？这是由行高的计

算方式决定的。例如一行文字的大小是16px，行高设置为100px，计算（100-16）/2，得到的值是文字距上方与下方的距离，即文字距离顶部、底部各42px，如图4-7所示。

2. 大家仔细看一看，图4-6中第1个盒子的文本行高只有100px，但它里面的第2句诗为什么就能居中呢？如图4-7所示，这是因为行高会对每一行文本生效，每一行文本都会被增加行高，所以第2行文本的间距变大。但如果把第1行文本行高设置为300px，那么效果将会如图4-8所示。

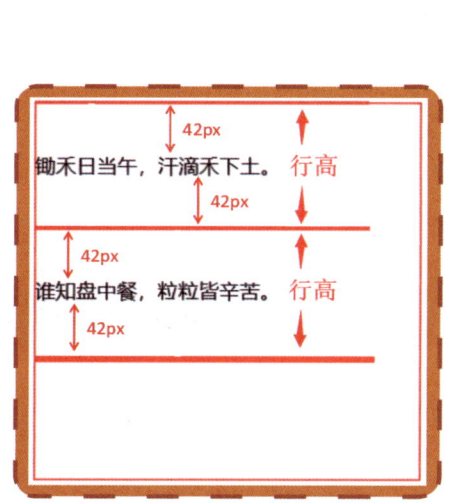

图4-7　行高详解示意图

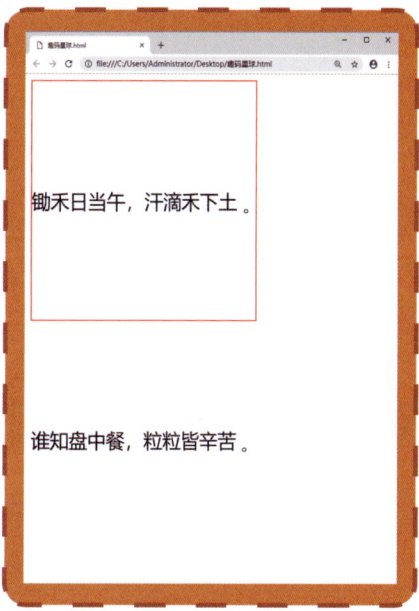

图4-8　效果图

3. 如果想要多行文本居中，只能使用margin和padding属性，禁止使用line-height。单行文本居中推荐使用行高进行设置，实现垂直居中。

知识点小实例：

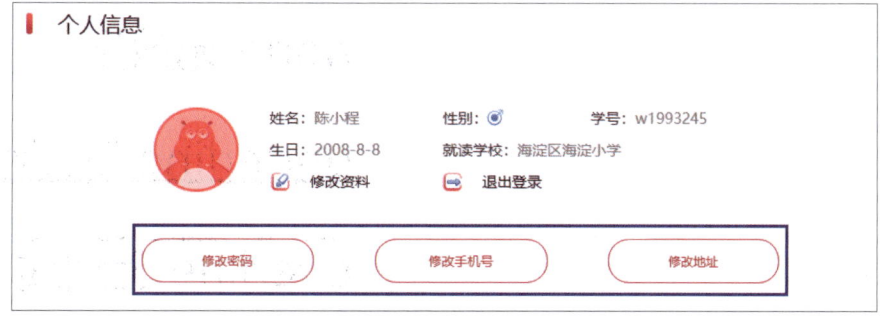

图4-9　趣码星球商城个人中心页面

图4-9所示是趣码星球商城个人中心页面，从蓝框中可以看出，文本都相对于粉色线框盒子垂直居中、水平居中。在上节font简写中提到，line-height可以写在font简写中。"text-align:center"表示水平居中（后面会进行讲解），当line-height的值等于父元素高度，文本便可以垂直居中，两者配合就能完成上图效果，使文字垂直、水平居中于父元素。

> 💡 注意
> line-height一般用来让文字相对于盒子垂直居中，通常与text-align搭配使用，可以写入font简写属性中。

文本修饰（text-decoration）

轻松学

文本修饰（text-decoration）可以给文本添加下划线、上划线等效果，以突显该段文字的重要性。属性值如表4-3所示。

表4-3　text-decoration的属性值

属性值	描述
none	默认样式，无效果
underline	文本下划线
overline	文本上划线

轻松练

文本修饰的实例代码与效果图（图4-10）如下：

```
1   <!DOCTYPE html>
2   <html lang="en">
3   <head>
4       <meta charset="UTF-8">
5       <title>趣码星球</title>
6       <style>
7        .p1{
8           text-decoration:none;
9        }
10       .p2{
11          text-decoration:underline;
12       }
13       .p3{
14          text-decoration:overline;
15       }
16      </style>
```

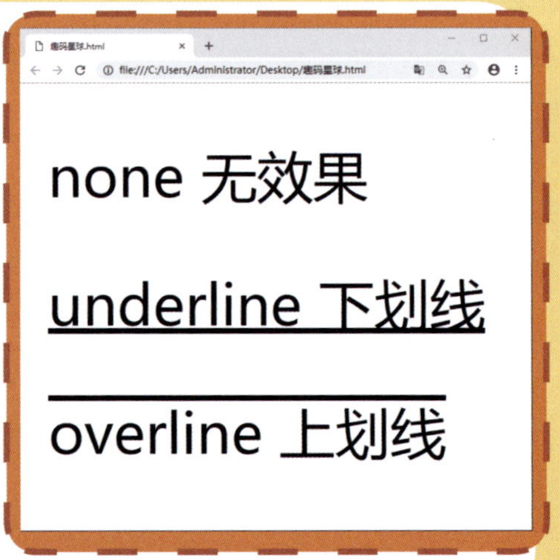

图4-10　text-decoration效果图

```
17    </head>
18    <body>
19        <p class="p1">none  无效果</div>
20        <p class="p2">underline  下划线</div>
21        <p class="p3">overline  上划线</div>
22    </body>
23  </html>
```

思维导学

text-decoration 最常用的属性值是下划线（underline）。

知识点小实例：

图4-11　用百度搜索"百度"关键词的结果页面

从图4-11中，我们可以看到图中很多文字都被设置了下划线。下划线多用于文字叙述较多的网页，显示重要内容。

💡 注意

text-decoration 常用下划线，其他属性值基本不用。它还可以写在通配符里面，让a标签的下划线消失。

文本首行缩进（text-indent）

轻松学

文本首行缩进（text-indent）用于控制每个文本段落的首行缩进。属性值为数字，单位通常为em，例如"text-indent:2em;"。

轻松练

首行缩进的实例代码与效果图（图4-12）如下：

```
1   <!DOCTYPE html>
2   <html lang="en">
3   <head>
4       <meta charset="UTF-8">
5       <title>趣码星球</title>
6       <style>
7         p{
8           width:200px;
9           border:5px solid red;
10          text-indent:2em;
11        }
12      </style>
13  </head>
14  <body>
15      <p>孙悟空是中国著名的神话人物之一，出自四
16  大名著之《西游记》。祖籍东胜神洲，由开天辟地以
17  来的仙石孕育而生，因带领群猴进入水帘洞而成为
18  众猴之王，尊为"美猴王"。后经千山万水拜菩提祖
19  师为师学艺，得名孙悟空，学会地煞数七十二变、筋
20  斗云、长生不老等高超的法术。</p>
21  </body>
22  </html>
```

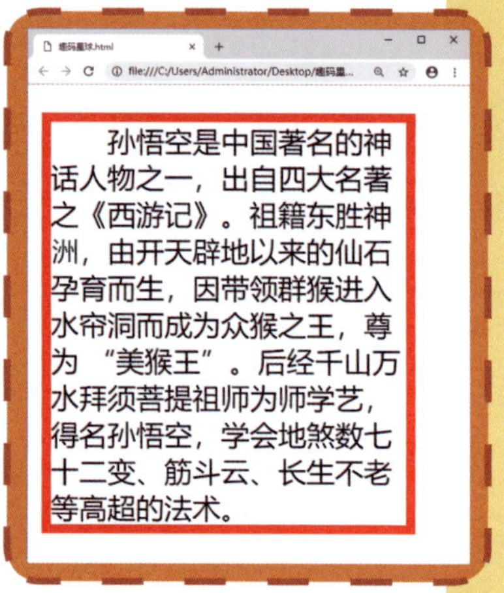

图4-12 text-indent效果图

思维导学

段落里只有第1行文字缩进了，说明text-indent属性只会对每一段文字的开头有效果。在写作的时候，每段开头一般空2个字，首行缩进就是用在段首的。

文本水平对齐（text-align）

轻松学

文本水平对齐（text-align）用于控制文字在水平方向上的居中对齐、左对齐、右对齐等，该属性有3个属性值，如表4-4所示。

表4-4 text-align的属性值

属性值	描述
center	文本居中对齐

（续表）

属性值	描述
left	文本靠左对齐
right	文本靠右对齐

轻松练

水平对齐的实例代码（部分）与效果图（图4-13）如下：

```
1   <style>
2       .p{
3           width:300px;
4           border:1px solid red;
5       }
6       .center{
7           text-align:center;
8       }
9       .left{
10          text-align:left;
11      }
12      .right{
13          text-align:right;
14      }
15  </style>
16  </head>
17  <body>
18  <p class="p center">孙大圣</p>
19  <p class="p left">玉皇大帝</p>
20  <p class="p right">白骨精</p>
21  </body>
22  </html>
```

图4-13 text-align效果图

思维导学

代码第6~14行，分别表示文字居中对齐、靠左对齐和靠右对齐。这3个盒子样式是一样的，但是对齐方式不一样，那么就可以给class添加第2个名称来设置对齐方式。

💡 **注意**

text-align能让文字水平居中，在网页中使用非常频繁。text-align和padding都可以让文字居中，但padding的局限性较大，所以推荐text-align与line-height配合使用。

列表样式（list-style）

轻松学

list-style用于控制列表样式。列表标签有ul、ol、li等，其中li标签自带圆点，但很多时候不需要这些圆点或者需要设置其他样式，这时就可以用list-style进行设置。其属性值如表4-5所示。

表4-5　list-style的属性值

属性值	描述
disc	圆形，默认值
circle	空心圆
square	方块
none	无样式

轻松练

list-style的实例代码（部分）与效果图（图4-14）如下：

```
1   <style>
2   .disc{
3       list-style:disc;
4   }
5   .circle{
6       list-style:circle;
7   }
8   .square{
9       list-style:square;
10  }
11  .none{
12      list-style:none;
13  }
14  </style>
15  </head>
16  <body>
17  <ul>
18      <li class="disc">disc</li>
19      <li class="circle">circle</li>
20      <li class="square">square</li>
21      <li class="none">none</li>
22  </ul>
23  </body>
24  </html>
```

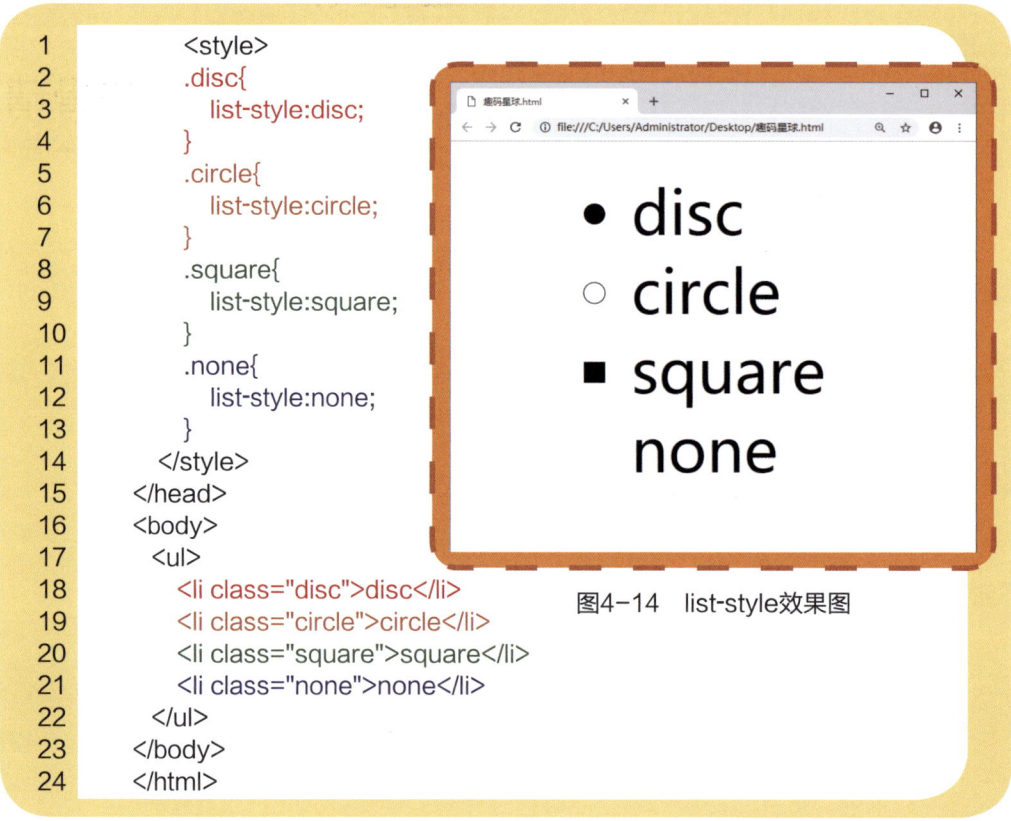

图4-14　list-style效果图

第4章 字体与文本

思维导学

在实际操作中，li 标签自带的圆点基本不会用到，所以需要将其设置为 none。但依次进行设置又太麻烦，这就可以将"list-style:none"属性加入通配符（*）内，这样整个页面的 li 标签都会将圆点样式消除。

通关秘籍

1. line-height 用来控制一行文本占据的高度，属性值为数字，单位通常为 px。在只有一行文本的情况下，如果行高等于父元素高度，那么文本就会垂直居中。这个属性通常和"text-align:center;"水平居中一起使用，可使文本处于父元素的正中心。

2. text-decoration 一般用于给文本添加下划线（underline），其他属性值基本不用。

3. text-indent 可以给一段文本的首行添加缩进，可以看作空格，属性值一般都是 2em，通常在有大量文章的页面上使用。

4. text-align 主要用于控制文本水平对齐方式，具有左对齐（left）、右对齐（right）、居中对齐（center）3 种方式。文本水平对齐通常与 line-height 配合使用，使文本处在元素的正中心。

5. list-style 可以控制 li 标签自带样式。因为在项目中基本不需要样式，可在通配符"*"里面设置"list-style:none;"属性去掉所有 li 标签自带样式。

大显身手

一、编程基本功

1.（单选题）在 CSS 中，下列哪个属性用来设置首行缩进？（　　）

A. text-align　　　　　　　　B. text-indent

C. text-style　　　　　　　　D. text-decoration

2.（单选题）在 CSS 中，使文字水平居中应该使用什么属性？（　　）

A. text-align　　　　　　　　B. line-height

C. text-decoration　　　　　　D. color

3.（判断题）"text-align:center"可使文字水平居右。（　　）

4.（判断题）line-height对元素中的每一行文字生效。　　　　　（　　）

5.（填空题）让一行文字水平、垂直居中，应该用到的属性是＿＿＿＿。

6.（填空题）给一段文字添加下划线应该使用的属性是＿＿＿＿。

二、转动编程大脑

请观察图4-15，编写CSS代码实现效果图的页面布局。宽高、背景颜色、文字可根据自己的喜好修改。提示：有2种方法可以完成以下效果，以下列出每种方法需要使用的属性；必须使用块级标签。（写出主要属性代码设置即可）

（1）使用width、height、padding、background-color、color属性。

（2）使用width、height、text-align、line-height、color、background-color属性。

图4-15　效果图

5.1 盒模型与行块元素的概念

知识目标

1. 了解什么是标准盒模型。
2. 了解行级元素与块级元素的区别以及应用场景。

指点迷津

标准盒模型

盒模型是CSS实现页面布局的一种思想，盒模型存在于任何一个元素中。想要深入了解元素，制作一个精美的网页、酷炫的动画，就得对盒模型有一定的认知与理解。

- 盒模型是把页面的所有元素都看成一个个类似相框的盒子。
- 盒模型由元素内容（content）、内边距（padding）、边框（border）、外边距（margin）4个部分组成。

每个元素都有盒模型。盒模型结构如图5-1所示，由内而外的顺序如下：

红色——元素内容（content）、橙色——内边距（padding）、黄色——边框（border）、白色——外边距（margin）。

盒模型被分为4个方向：top、right、bottom和left。

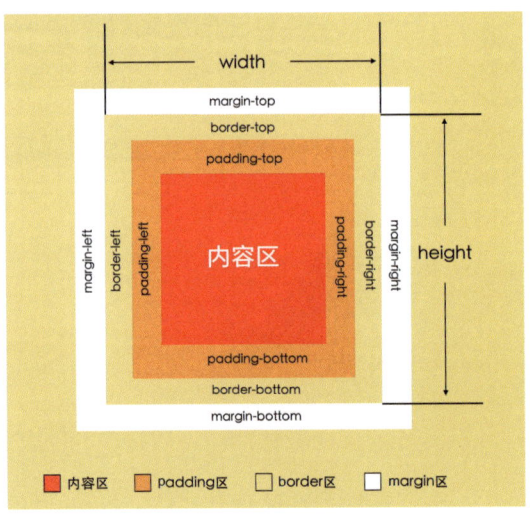

图5-1 盒模型结构图

行级与块级元素的区别

行级元素：行级元素中的margin与padding属性只有水平方向的属性值才有效果，垂直方向无效；width、height属性无效，宽高根据内容确定。行内元素可以并排排列。

常用的行级元素有：span、a、strong。

块级元素：块级元素盒模型中所有属性均可生效，且块级元素独占一行（即使设置了元素宽度也会独占一行）。块级元素如果没有设置宽度，会继承父元素宽度。

常用的块级元素有：div、p、h1~h6、ul、li。

行级元素与块级元素的效果如图5-2所示。

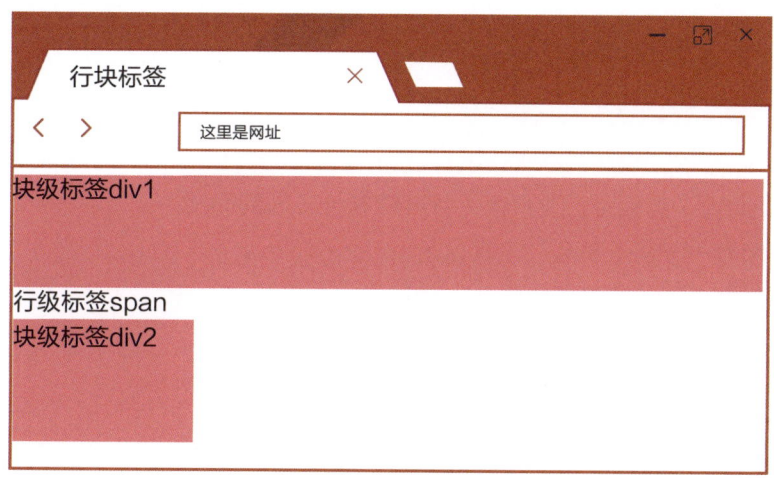

图5-2 行块标签

在图5-2中，没有给div1设置宽度，但粉色盒子的宽度随着浏览器的变化而变化。因为div的父级是body标签，body标签的父级是HTML标签，HTML标签的宽高随着浏览器而改变，所以粉色盒子的宽度就随着浏览器变化而变化。

div2与span标签并不在一行，因为div是块级标签，独占一行。哪怕宽度设置得足够小，也不会与其他标签并排排列。

👆 通关秘籍

1. 每个元素都有盒模型，盒模型从内到外的顺序是元素内容（content）、内边距（padding）、边框（border）和外边距（margin）。

2. 行级元素拥有部分盒模型特性，width和height属性、margin上下与padding上下属性无效。块级元素拥有完整的盒模型特性，width、height、padding、border、margin属性全部有效。

大显身手

编程基本功

1．（单选题）下列CSS属性中不属于盒子属性的是（　　）。
A. border　　　　B. padding　　　C. color　　　　D. margin
2．（多选题）下列关于CSS中盒子模型说法错误的是（　　）。
A. 盒子模型是页面布局的基础，它包括外边距、边框、内边距以及元素的宽高属性
B. border（外边框）代表盒子外壳本身的高度
C. margin（外边距）代表内容与边框间的距离
D. padding（内边距）代表盒子与其他盒子之间的距离
3．（判断题）行级元素可以设置margin-top与margin-bottom属性。　（　　）
4．（判断题）块级元素只拥有部分盒模型特性。　　　　　　　　　（　　）

5.2　行块元素转换

知识目标

1. 掌握行块元素的转换（display）。
2. 熟练运用浏览器调试台，并使用它帮助修改bug。

指点迷津

行块元素的转换属性

轻松学

"display:block;"表示转为块级元素，行级元素转为块级元素时使用。
"display:inline;"表示转为行级元素，块级元素转为行级元素时使用。
"display:inline-block;"表示转为行块元素。可以让元素具有块级元素和行级元素的特性，既可以设置宽高，让padding和margin属性生效，又可以和其他行级元素并排，是一个很实用的属性。

轻松练

display实例代码（部分）与效果图（图5-3）如下：

```
1   <style>
2       .inline-b{
3           display:inline-block;
4           width:200px;
5           height:200px;
6           border:2px solid red;
7           margin:5px;
8           text-align:center;
9           line-height:200px;
10      }
11  </style>
12  </head>
13  <body>
14  <div class="inline-b">块级元素 </div>
15  <span class="inline-b">行级元素 </span>
16  </body>
```

图5-3　行块元素转换效果图

思维导学

由代码及图5-3可以看出：

1. div是块级元素，块级元素应该独占一行，会把行级元素挤下去。但是这里并没有，2个元素是并排的。

2. 在第3行代码中给它们添加了"display:inline-block;"属性，即同时拥有行级特性与块级特性。

3. 原本应该独占一行的块级元素拥有了行级并排特性，同时保留完整盒模型属性。

4. 原本不能设置宽高的行级元素拥有了完整盒模型属性，可以设置宽高，同时又保留着行级并排排列特性。

知识点小实例：

图5-4　效果图

图5-4所示是趣码星球商城选课页面，可以看到页面有6个盒子，都有宽和高，那么我们就必须使用块级元素。但块级元素不能并排排列，解决办法就是使用"display: inline-block;"，把这6个盒子变为行块元素，使其既有完整盒模型特性又能并排排列。

浏览器调试台

浏览器提供了页面检查功能（调试台），可在浏览器页面使用F12键开启。该功能可以检查页面的HTML结构文档，也能获取到CSS样式与盒模型，是个必学且好用的功能，建议使用谷歌浏览器查看。

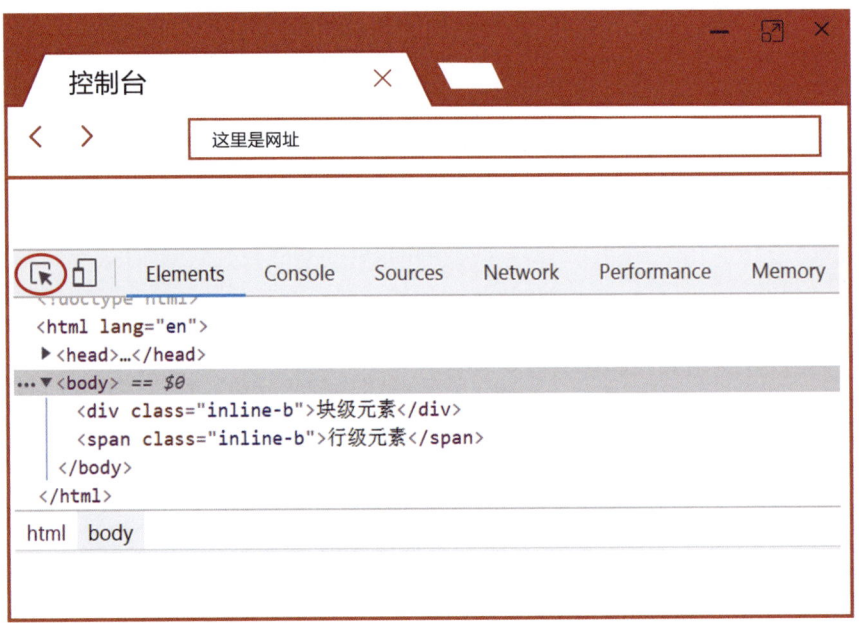

图5-5　浏览器调试台页面展示

- 若想查看某个元素对应的HTML和CSS代码，可以单击图5-5左上角的箭头，再点击网页中的元素即可。
- CSS代码部分可以直接单击属性值进行修改。例如要调试元素的宽度，只要单击一下width的属性值，按住方向键的上下调整数值即可完成修改，也可以手动输入数值进行修改。
- 在浏览器调试台中的修改不会影响编辑器中的代码。若样式需要进行微调，推荐在浏览器调试台中进行修改，可直观查看到页面效果，满意后，再到编辑器中修改。

图5-6显示的内容位于浏览器右侧下方，当选中页面元素的时候会出现该元素的盒模型结构，也就是元素的内容、内边距、边框和外边距的大小。

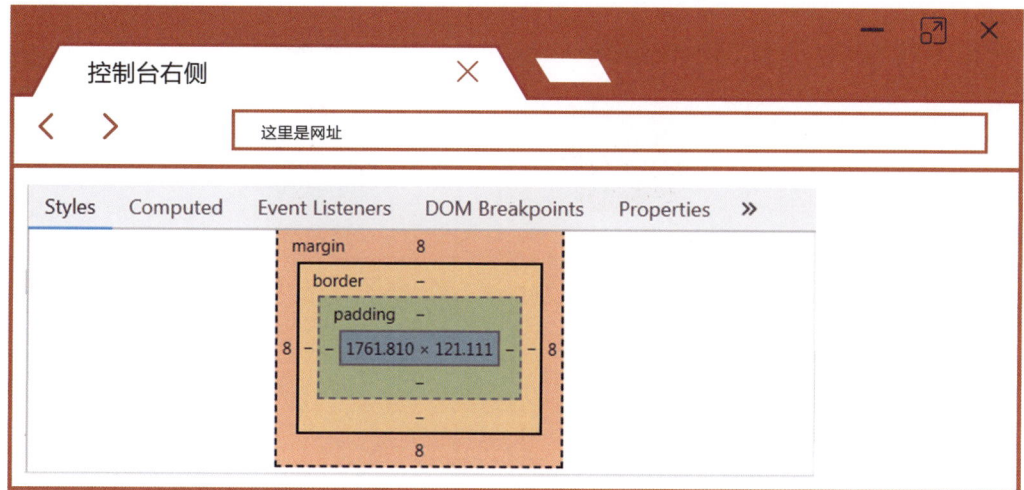

图5-6　浏览器调试台右侧展示

通关秘籍

> 行级元素转块级元素（display:block）、块级元素转行级元素（display:inline）、元素转为行块元素（display:inline-block）。

大显身手

一、编程基本功

1.（填空题）请列举行级元素失效的盒模型属性＿＿＿＿、＿＿＿＿、＿＿＿＿、＿＿＿＿、＿＿＿＿、＿＿＿＿。

2.（填空题）请根据括号内容写出相应CSS属性：＿＿＿＿（块级转行级元素）、＿＿＿＿（行级转块级元素）、＿＿＿＿（转为行块元素）。

二、转动编程大脑

编写代码，实现图5-7的效果。

提示：1.河马图可以根据自己的喜好更换，图下方的文字需和图片一一对应。

2.需要用到width、height、margin、padding、text-align、border、display属性。左右两块的width为290px，height为290px。

图5-7 练习图

第6章
整齐的道路——表格

6.1 网页中的表格

知识目标

1. 认识表格基本结构，掌握表格的基本语法。
2. 熟练应用表格相关标签实现跨行、跨列的表格。

指点迷津

为什么使用表格？

表格的应用场合有很多，比如论坛、门户网站、购物网站等都会用到表格。图6-1为购物网站中应用表格的场景。图中红色框区域应用了表格布局。

图6-1　购物网站

表格的基本结构

如图6-2所示，表格由行和列组成，每行每列又由多个单元格组成。

行、列纵横交错就像一条条马路，一般来说，将横向的称为行，纵向的称为列。图6-2中一共包含了5行5列。

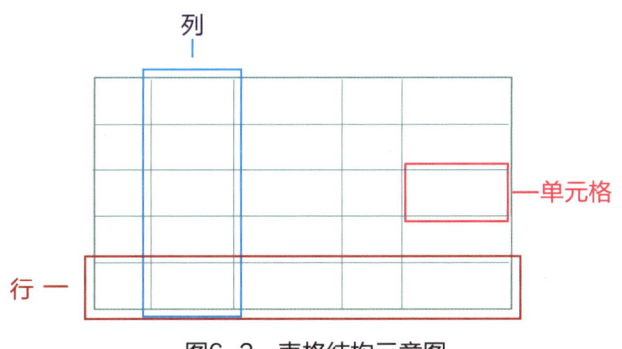

图6-2 表格结构示意图

表格的基本语法

轻松学

```
1   <body>
2     <table>
3       <caption>表格标题</caption>
4       <tr>
5           <th>表头</th>
6           <th>表头</th>
7       </tr>
8       <tr>
9           <td>单元格</td>
10      </tr>
11    </table>
12  </body>
```

根据上述代码,需要理解以下几个知识点:

● 第2行代码的table标签主要用于定义表格。

● 第3行代码的caption标签用来展示表格的标题,默认居中显示。

● 第4行和第7行代码的tr标签表示行,表格当中会有若干行,每一行用一对<tr>...</tr>标签来表示。

● 第5行和第6行代码的th标签用来定义表头单元格,文本内容默认加粗、会在单元格中居中显示。

● 第9行td标签用来展示单元格,每个单元格中可以包含文字、图片、段落、表格、表单等内容。

● 在table标签中可以用border属性来设置表格边框尺寸大小,属性值为数字(不需要单位)。

轻松练

应用以上知识,创建如图6-3所示的表格。

图6-3 示例效果图

思维导学

```
1    <table border="1">
2      <tr>
3          <th>姓名</th>
4          <th>年龄</th>
5          <th>性别</th>
6      </tr>
7      <tr>
8          <td>小明</td>
9          <td>8岁</td>
10         <td>男</td>
11     </tr>
12   </table>
```

详细分析上述代码可知:

1. 第1行代码中table标签定义了一个表格,border给表格设置边框。

2. 第2~6行代码中tr标签定义表格的第1行内容,分别为姓名、年龄、性别。

3. 第7~11行代码中tr标签定义表格的第2行内容,里面有3个td单元格,分别与上面的表头对应,单元格内容分别是小明、8岁、男。

表格的结构化

前面已经学习了如何制作简单表格,接下来学习一下复杂表格的操作。

```
1    <body>
2      <table>
3          <thead>表头内容</thead>
4          <tbody>表格的主体</tbody>
5          ...
6          <tfoot>表尾内容</tfoot>
7      </table>
8    </body>
```

分析上述代码可知：

table 可以分为表头区、表格主体区、表尾区这3部分。

<thead>表示表头，<tbody>表示表格主体，<tfoot>表示表尾。

💡 注意

一个表格中只能有一个thead和tfoot元素，至少有一个tbody元素，使用多个tbody元素能够将复杂的表格划分为更容易管理的几个区块。

跨列、跨行的表格

跨多列的表格

跨多列表格的语法如下：

```
colspan="n";
```

其中n为数字，表示表格跨几列。例如：表格跨5列，则写为colspan="5"。

应用跨多列表格语法，创建如图6-4所示的成绩单。

```
1   <table border="1">
2     <tr>
3       <th colspan="3">学生成绩表</th>
4     </tr>
5     <tr>
6       <td>语文</td>
7       <td>数学</td>
8       <td>英语</td>
9     </tr>
10    <tr>
11      <td>95</td>
12      <td>98</td>
13      <td>89</td>
14    </tr>
15  </table>
```

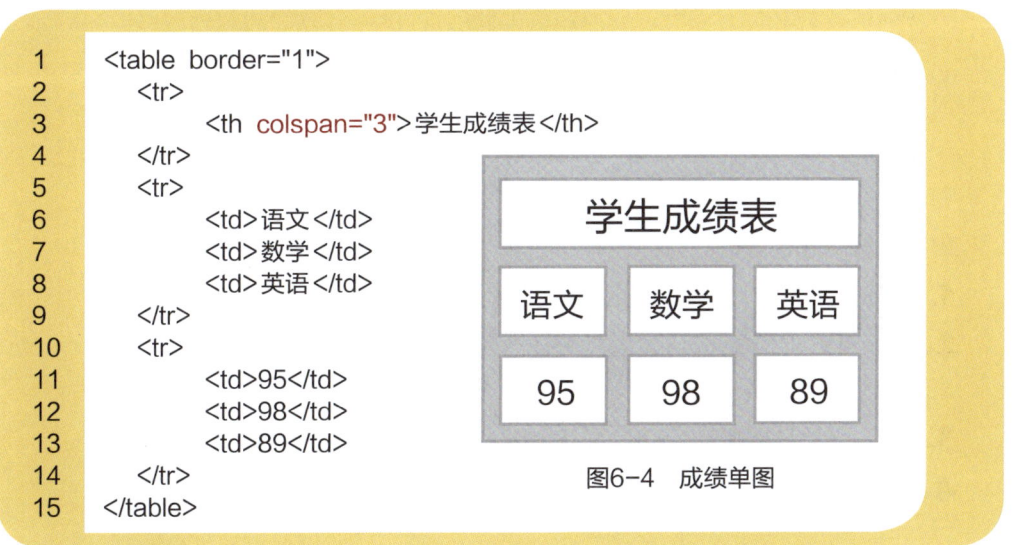

图6-4 成绩单图

由上述代码可知：

1. 第1行代码中table标签定义一个表格，border属性用于给表格设置边框。

2. 第2~4行代码中tr标签创建表格的第1行内容，其中th标签表头的colspan="3"表示th表头占3个单元格，跨了3列。

3. 第5~9行代码中tr标签创建表格第2行内容，其中td单元格有3个。

4. 第10~14行代码创建第3行内容，其中3个td单元格与上一行单元格位置一一对应。

跨多行的表格

跨多行表格的语法如下：

> rowspan="n";

其中n为数字，表示表格跨几行。例如：表格跨5行，则写为rowspan="5"。

应用跨多行表格语法，创建如图6-5所示的食谱清单。

```
1   <table border="1">
2       <tr>
3           <td rowspan="3">食谱清单</td>
4           <td>牛奶</td>
5           <td>鸡蛋</td>
6       </tr>
7       <tr>
8           <td>汉堡</td>
9           <td>饮料</td>
10      </tr>
11      <tr>
12          <td>热狗</td>
13          <td>面包</td>
14      </tr>
15  </table>
```

图6-5 食谱清单图

由上述代码可知：

1. 第1行代码中table标签定义一个表格，border给表格设置边框。

2. 第2~6行代码中tr标签创建表格的第1行内容，其中第1个td单元格的rowspan="3"表示这个单元格跨了3行。

3. 第7~10行代码创建表格的第2行内容，其中有2个td单元格。

4. 第11~14行代码创建第3行内容，2个单元格与上面的单元格对应。

通关秘籍

1. 表格的基本结构：
表格由行和列组成，每行每列又由多个单元格组成。

> **2.** 表格的基本语法：
> 表格由table标签定义。每个表格均有若干行（由tr标签定义），每行被分割为若干单元格（由td标签定义）。td表示表格数据（table data），即数据单元格的内容。
>
> **3.** 表格列和行的合并：
> 跨多列的表格语法：colspan="n"。
> 跨多行的表格语法：rowspan="n"。

大显身手

编程基本功

1.（单选题）HTML 标签中，哪个标记表示表格？（　　）

A.\<h1\>　　　　　　　　　　B.\<td\>

C.\<table\>　　　　　　　　　D.\<tab\>

2.（填空题）创建表格最少需要＿＿＿＿＿、＿＿＿＿＿、＿＿＿＿＿3个标签。

3.（填空题）表格跨行操作用＿＿＿＿属性完成，跨列操作用＿＿＿＿属性完成。

4.（简答题）简述表格的基本结构。

6.2 表格的综合应用

知识目标

熟练掌握表格在网页布局中的应用。

指点迷津

运用本章所学的知识，完成如图6-6所示的课程表。

图6-6 课程表

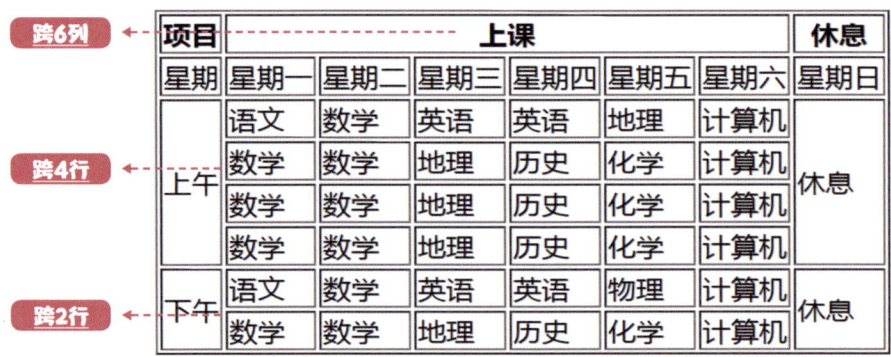

💡 想一想

根据图6-6所示，请大家分析一下这张课程表有哪些地方使用了跨行跨列呢？

跨行跨列分析如图6-7所示。

图6-7 行列分析图

完成如图6-6所示课程表一共需要7步，具体步骤如下：

第1步 定义一个表格，并使用border设置表格边框为1px，代码如下：

```html
<table border="1">

</table>
```

第2步 创建表头内容，即表格的第1行，其中"上课"跨了6列单元格，代码如下：

```html
<tr>
    <th>项目</th>
    <th colspan="6">上课</th>
    <th>休息</th>
</tr>
```

第3步 创建表格第2行内容，一共分8个单元格，代码如下：

```
<tr>
    <td>星期 </td>
    <td>星期一 </td>
    <td>星期二 </td>
    <td>星期三 </td>
    <td>星期四 </td>
    <td>星期五 </td>
    <td>星期六 </td>
    <td>星期日 </td>
</tr>
```

第4步 创建表格第3行内容，其中"上午"跨4行，"休息"也跨4行。代码如下：

```
<tr>
    <td rowspan="4">上午 </td>
    <td>语文 </td>
    <td>数学 </td>
    <td>英语 </td>
    <td>英语 </td>
    <td>地理 </td>
    <td>计算机 </td>
    <td rowspan="4">休息 </td>
</tr>
```

第5步 以同样的方式创建第4、5、6行内容，以下代码写3遍。代码如下：

```
<tr>
    <td>数学 </td>
    <td>数学 </td>
    <td>地理 </td>
    <td>历史 </td>
    <td>化学 </td>
    <td>计算机 </td>
</tr>
```

第6步 创建表格第7行内容，其中"下午"跨了2行，"休息"也跨了2行。代码如下：

```
<tr>
    <td rowspan="2">下午 </td>
    <td>语文 </td>
    <td>数学 </td>
    <td>英语 </td>
    <td>英语 </td>
    <td>物理 </td>
    <td>计算机 </td>
```

```
        <td rowspan="2">休息</td>
    </tr>
```

第7步 创建最后一行内容,完成整个表格的创建。代码如下:

```
<tr>
    <td>数学</td>
    <td>数学</td>
    <td>地理</td>
    <td>历史</td>
```

```
    <td>化学</td>
    <td>计算机</td>
</tr>
```

将以上代码进行合并,即可实现图6-7的效果。

通关秘籍

表格的综合应用:表格的应用场合有很多,例如论坛、门户网站、购物网站等。

大显身手

转动编程大脑

运用本章所学知识点,完成如下表格。

第1行第1列	第1行第2列	第1行第3列
第2行第1列	第2行第2列	第2行第3列
第3行第1列	第3行第2列	第3行第3列

附:本章视频讲解内容,手机扫描二维码可观看。更多精彩课程尽在 www.gocode61.com 趣码编程。

第7章

重要城市——表单

7.1 初识表单

知识目标
1. 认识什么是表单，表单的作用。
2. 了解表单form标签的语法及属性。

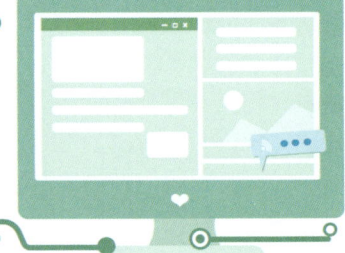

指点迷津

表单概述

表单主要用于采集用户输入的数据，然后发送给服务器，从而实现用户和服务器之间的数据交互。

form标签

form标签的作用

form标签用于将其他表单标签"包"起来，作为一个整体，可以提交数据到服务器。语法如下：

```
<form  name="表单名称" action="目标地址" method="数据提交方式">...</form>
```

name：给该表单命名，在JavaScript技术中使用。
action：在提交表单时执行的动作。
method：设定数据提交方式，根据不同的数据需求选择合适的提交（传送）方式。

💡 注意

form标签的这3个属性，在现阶段的网页布局中，是看不出效果的，主要是用来进行数据交互。

7.2 表单中的常用标签

知识目标

1. 掌握input标签的用法以及各种type（类型）的作用。
2. 掌握多行文本框标签的使用方法。
3. 掌握下拉列表的语法，并在页面中灵活运用。

指点迷津

input标签

input标签是最常用的一种表单标签，其随着type属性的不同，而呈现出不同的外观表现和作用。

name属性定义input标签的名字，用来标识input标签，和id选择器的用法一样。语法如下：

```
<input type="类型" name="名称"/>
```

input标签分类

- 单行文本框：text

框内可以输入任何文字，所有的内容只会在一行排列，不会换行显示。
语法及效果图（图7-1）如下：

```
<input type="text"/>
```

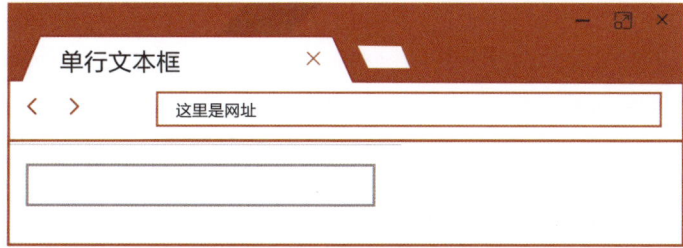

图7-1 单行文本框示例

- 密码文本框：password

文本框内输入的内容不会显示出来，而是用小圆点代替。保密性较好，用于密码的输入。语法及效果图（图7-2）如下：

<input type="password"/>

图7-2　密码文本框示例

- 单选框：radio

单选框是指多个选框中只能选择其中一个选框，这时需要把这几个选框关联起来。用name属性，给它们设置相同的名字，这样就实现了关联，可以实现单选的效果。语法示例及效果图（图7-3）如下：

<input type="radio" name="sex"/>男
<input type="radio" name="sex"/>女

图7-3　单选框示例

- 多选框：checkbox

多选框可以同时选中多个选项，也需要把各个选框关联起来，关联方法与单选框关联方法一样。语法示例及效果图（图7-4）如下：

<input type="checkbox" name="favorite"/>篮球
<input type="checkbox" name="favorite"/>足球
<input type="checkbox" name="favorite"/>排球

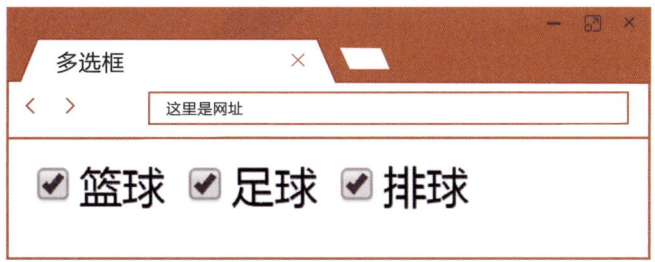

图7-4 多选框示例

- 提交按钮：submit

它的作用是将当前表单的数据提交给服务器。value是提交按钮上面显示的文字内容。语法示例及效果图（图7-5）如下：

```
<input type="submit" value="提交/注册/登陆...">
```

图7-5 提交按钮示例

多行文本域

多行文本域一般用于留言板等需要输入大量文本的位置，文字内容排列会根据框的大小自动换行。语法示例及效果图（图7-6）如下：

```
<textarea cols="20" rows="5"></textarea>
```

图7-6 多行文本域示例

- textarea 标签：定义多行文本域。
- cols 宽度：表示一行最多可以输入的字符数。
- rows 行数：表示显示的行数。

下拉列表

下拉列表是选择的一种表现形式，当你单击选择时会向下延伸出其他可供选择选项的内容。语法示例及效果图（图7-7）如下：

```
<select >
<option value="初始值">选项内容</option>
<option value="初始值">选项内容</option>
</select>
```

图7-7　下拉列表示例

- select 标签：定义一个下拉列表。
- option 标签：书写向下延伸的其他选项内容。

label标签

label 标签用来扩大表单的选区范围。比如：一般选中单选按钮时需要单击选择框，单击文字是没有效果的，但加上 label 标签扩大选区范围后，单击文字也会被选中。label 标签里面 for 属性的属性值为要扩大选区范围的 id 名称。代码示例及效果图（图7-8）如下：

```
<input type="checkbox" name="basket" id="basketball"/>
<label for="basketball">篮球</label>
<input type="checkbox" name="football" id="football"/>
<label for="football">足球</label>
```

图7-8　lable标签示例

通关秘籍

1. input标签在网页中常用于实现页面登录、注册。尤其是type（类型）为text、password、radio、checkbox、submit等。

2. 注意多行文本域textarea的创建以及cols宽度和rows行数的属性应用。

3. 下拉列表select标签的创建需要了解延伸选项用option标签定义。

4. 扩大选取范围使用label标签，标签里面for属性的值为要扩大选区范围的id名称。

大显身手

编程基本功

1.（单选题）下列标签中哪个是复选框？（　　）

A.<input type="check"/>　　　　　　B.<checkbox>

C.<input type="checkbox"/>　　　　D.<check>

2.（单选题）下列标签中哪个是文本框？（　　）

A.<input type="textfield"/>

B.<textinput type="text">

C.<input type="text"/>

D.<textfield>

3.（单选题）下列标签中哪个是下拉列表？（　　）

A.<input type="list"/>　　　　　　B.<list>

C.<input type="dropdown"/>　　　　D.<select>

4.（单选题）下列标签中哪个是多行文本域？（　　）

A.<textarea>　　　　　　　　B.<input type="textarea"/>

C.<input type="textbox"/>　　　D.<textarea></textarea>

5.（单选题）下列哪项type属性用来输入密码？（　　）

A.text　　　　　　　　　　B.submit

C.password　　　　　　　　D.checkbox

7.3 表单属性

知识目标

1. 掌握表单的常用属性，并灵活应用。
2. 学会通过查询手册应用更多属性。

指点迷津

size属性

size属性用来改变输入框的长度，语法：size="控件的长度"。

语法示例及效果图（图7-9）如下：

```
<input type="text" size="10"/>
```

图7-9　size属性示例

maxlength属性

maxlength属性规定<input>元素中允许输入的最大字符数,语法:maxlength="允许输入的最多文本字符数"。语法示例及效果图(图7-10)如下:

```
<input type="text" maxlength="8"/>
```

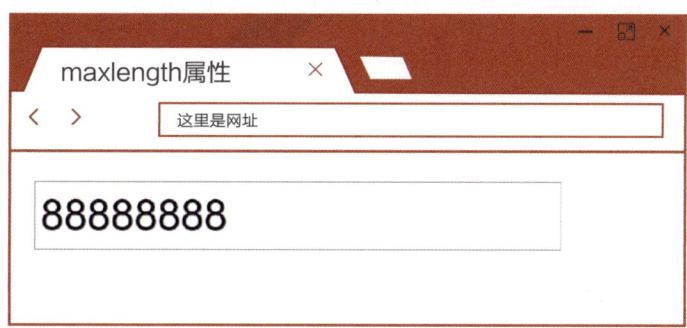

图7-10　maxlength属性示例

checked属性

checked属性默认页面input元素被选中,适用于单选框和多选框。语法及效果图(图7-11)如下:

```
<input type="checkbox" checked/>
```

图7-11　checked属性示例

selected属性

selected属性可以预先选定option标签的内容显示在页面中,适用于下拉列表。语法示例及效果图(图7-12)如下:

```
<select>
    <option>1</option>
    <option selected>2</option>
    <option>3</option>
</select>
```

图7-12 selected属性示例

placeholder属性

placeholder属性提供可描述输入字段预期值的提示信息。该提示会在输入字段为空时显示，在单击输入时消失。语法示例及效果图（图7-13）如下：

```
<input type="text" placeholder="请输入姓名"/>
```

图7-13 placeholder属性示例

disabled属性

disabled属性可设置禁用input元素,被禁用的元素不可用、不会被提交。语法及效果图(图7-14)如下:

```
<input type="checkbox" disabled/>
```

图7-14　disabled属性示例

其他表单属性详见下表。

表单属性对照表

标签	属性	属性值	说明
form	action	href	单击确定按钮时,表单被提交的地址
	method	post	提交表单时的请求类型(必填)
		get	
	enctype	text/plain	表单内容使用的字符集
		multipart/form-data	
		application/x-www-form-urlencoded	
	id	自定义内容	指定表单的唯一名称
	target	blank、top、self、parent	指定表单打开的方式,与超链接中target的值保持一致
input	name	由字母组成	指定表单元素的唯一名称,也用于后台数据库存取数据

（续表）

标签	属性	属性值	说明
input	type	text	单行文本框
		password	密码输入框
		hidden	隐藏域（在网页中不显示）
		radio	单选按钮
		checkbox	复选框
		file	文件上传域
		submit	提交
		reset	重置
		button	按钮
		search	搜索
		color	颜色
		date	日期
		number	用于输入数字的字段
		url	用于输入url的字段
		time	输入时间的控制
		image	定义图像形式的提交按钮
		range	滑动条
		datetime	时间和日期选择器
		datetime-local	用来输入本地时间和日期
		month	月份
	min	数字	输入框的最小值，配合number/range属性使用
	max	数字	输入框的最大值，配合number/range属性使用
	required	true/false	必须项
	novalidate	true/false	在提交表单的时候不验证该表单
	placeholder	提示性文字	和value用法一样，表单的默认值
	autofocus	true/false	鼠标自动聚焦

7.4 表单的应用

知识目标

1. 掌握表单在网页中的经典应用。
2. 在页面布局中灵活使用表单及其属性。

指点迷津

完成图7-15所示的表单注册表，需要用到哪些表单标签和属性呢？

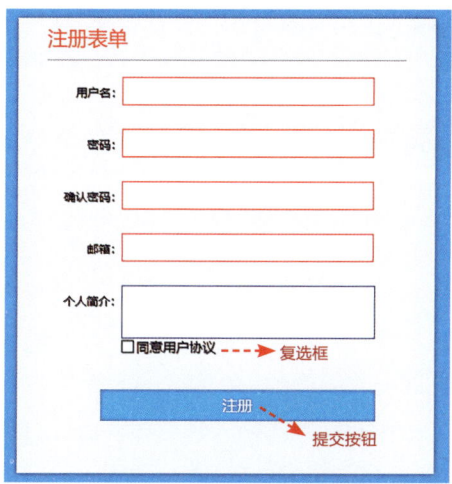

图7-15　表单注册表

结构代码如下：

```
1  <body>
2  <!-- 搭建框架界面 -->
3    <div class="box">
4      <h2>注册表单</h2>
5      <form action="">
6        <div class="form">
7          <label for="">用户名：</label>
8          <input type="text"/>           ----→ 文本输入框
9        </div>
```

```
10      <div class="form">
11          <label for="">密码：</label>
12          <input type="password"/>         ------> 密码输入框
13      </div>
14      <div class="form">
15          <label for="">确认密码：</label>
16          <input type="password"/>
17      </div>
18      <div class="form">
19          <label for="">邮箱：</label>
20          <input type="text"/>
21      </div>
22      <div class="form">                                           多行文本域
23          <label for="">个人简介：</label>
24          <textarea name="" id=""></textarea> ----
25      </div>
26      <div class="form">                                           用户协议框
27          <input type="checkbox" class="check"/> --
28          <span class="xieyi">同意用户协议</span>
29      </div>
30          <input type="submit" value="注册" -------
31  class="zhuce"/>                                                  提交按钮
32      </form>
33   </div>
34  </body>
```

由上述代码可知：

1. 第5行代码表示创建一个form表单构建的大框架。

2. 第6~9行代码表示创建用户名输入框，其中label标签扩大了选取范围。type="text"表示文本输入框。

3. 第10~13行代码表示创建密码框，label标签的作用同上。type="password"表示密码输入框。

4. 第14~17行代码表示创建密码框，和第10~13行代码作用一样。重复输入密码是为了防止用户输错密码，导致密码错误。

5. 第18~21行代码表示创建邮箱输入框，type类型也为文本输入框。

6. 第22~25行代码表示创建个人简介输入框，textarea表示创建多行文本域。

7. 第26~29行代码表示创建用户协议框，checkbox类型为多选框。

8. 第30~31行代码表示创建提交按钮，type="submit"表示提交按钮，value="注册"表示提交按钮的内容为注册。

为了使页面更加美观,我们需要对页面进行加工。具体步骤如下(以下样式设计依次放入 style 标签中):

第 1 步　对整体背景颜色进行设置。代码如下:

```
<style>
    body{
        background:#18c1ff;
    }
```

第 2 步　对中间内容区的宽高,以及背景颜色进行设置,并且对盒子的位置进行居中设置。代码如下:

```
.box{
    width:500px;
    height:550px;
    background:#f9f9f9;
    margin:50px auto;
}
```

第 3 步　对标题样式设置宽度、字体大小、行高、颜色、字体粗细程度、外边距等。代码如下:

```
.box h2{
    width:430px;
    font-size:24px;
    line-height:50px;
    color:#fd8653;
    font-weight:normal;
    margin:10px auto 20px;
    border-bottom:1px solid #d5d5d5;
}
```

第 4 步　给所有 class 名为 form 的元素设置宽和外边距。代码如下:

```
.form{
    width:430px;
    margin:15px 0 25px 25px;
}
```

第 5 步　给所有 class 名为 form 的 label 标签中的元素设置样式,宽高、文本对齐方式以及字体的大小(其中 float 属性在以后的章节会详细介绍)。代码如下:

```css
.form label{
    float:left;
    width:100px;
    height:38px;
    line-height:18px;
    text-align:right;
    font-size:14px;
}
```

第6步 给所有class名为form并且是textarea标签的元素设置样式(宽高与边距)。代码如下：

```css
.form textarea{
    width:300px;
    height:60px;
    border:1px solid blue;
}
```

第7步 给所有class名为check的标签设置样式，宽高、边框以及左外边距。代码如下：

```css
.form .check{
    width:15px;
    height:15px;
    border:1px solid #ccc;
    margin-left:100px;
}
```

第8步 给注册按钮设置样式，宽高、背景颜色、外边距、字体大小、字体颜色以及左侧外边距。代码如下：

```css
.zhuce{
    width:330px;
    height:38px;
    background:#00ccff;
    border:0px;
    font-size:18px;
    color:#fff;
    margin-left:100px;
}
</style>
```

 **项目创新大通关**

通过表单的学习,我们来实现趣码商城登录界面的设计,如图7-16所示。

图7-16　趣码商城登录界面

整体页面布局分析

1. 头部区:趣码商城的LOGO。

2. 内容区:包括一个大背景图片,一个账号登录界面。账号登录界面有需要输入和选择的内容,文本输入框、密码框、多选框、提交按钮。

3. 底部区:公司的备案信息介绍。

头部区结构代码

```
1    <div class="h_panel">
2        <div class="h_logo">
3            <a href="../index.html">趣码商城</a>
4        </div>
5    </div>
```

第3行代码是一个a标签的跳转,表示单击后可直接跳转到首页。

头部区样式美化代码

```
1    .h_panel,
2    .login_banner {            对头部区的宽度进
3        width:1130px;          行设置，并且让其
4        margin:0 auto;         居中对齐
5    }
7    .h_logo {                  把LOGO图片添
8        width:200px;           加到页面，并且
9        height:98px;           设置其宽高
10       background:url("../img/logo.png")no-repeat;
11   }
12   .h_logo a {                对a标签进行转块操
13       display:block;         作，给它设置高度。
14       height:98px;           用text-indent属性，
15       text-indent:-9px;      让它消失在视线中
16   }
```

内容区登录界面布局分析如图7-17所示。

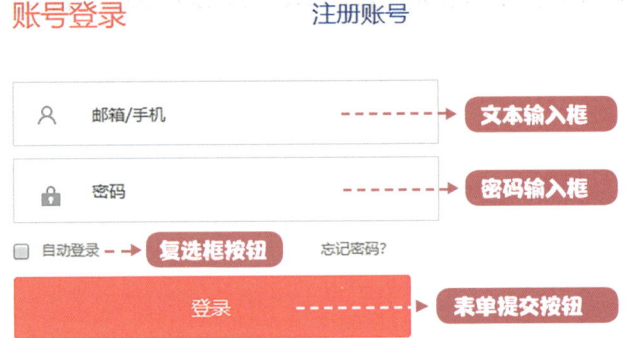

图7-17登录界面分析图

由图7-17可知：

1. 账号登录：是一个标题，用h标签。
2. 注册账号：用一个a标签链接，进行跳转。
3. 邮箱/手机：使用文本输入框。
4. 密码：使用密码输入框。
5. 自动登录：使用复选框。
6. 忘记密码：用一个a标签链接，进行跳转。
7. 登录：使用input标签的提交按钮。

内容区结构代码

```
1   <div class="bg">
2       <div class="tableWrap">
3           <div class="tableWrap-center">
4               <div class="tableTap clearfix">
5                   <h3 class="fl">账号登录</h3>
6                   <a class="fr" href="#">注册账号 </a>
7               </div>
8               <div class="tableItem">
9                   <i class="userHead"></i>
10                  <input type="text" id="userName"      ------> 文本输入框
11 placeholder="邮箱/手机"/>
12              </div>
13              <div class="tableItem">
14                  <i class="userLock"></i>
15                  <input type="password" name="password" ------> 密码输入框
16 placeholder="密码" />
17              </div>
18              <div class="tableAuto clearfix">
19                  <a class="autoMatic fl" href="#">
20                  <input class="loadGiet" type="checkbox"/>自 ------> 复选框
21 动登录</a>
22                  <a class="fr" href="#">忘记密码？ </a>
23              </div>
24              <input type="submit" class="tableBtn" value= ------> 提交按钮
25 "登录"/>
26          </div>
27      </div>
28 </div>
```

内容区样式美化代码

对内容样式进行美化的操作具体如下：

第1步 对内容区的高进行设置，以及引入背景图片；tablewrap部分代码是对登录框进行样式的美化，主要是宽高，以及边距的设置。代码如下：

```
1  .bg{
2      height:670px;
3      background:url("../img/banner1star.png") no-repeat center;
4      background-color:black;
5  }
6  .tableWrap {
7      width:430px;
```

```
8       margin-left:1020px;
9       height:524px;
10      padding-top:46px;
11  }
```

第2步　对登录的内容框进行布局设置。代码如下：

```
1   .tableWrap-center {
2       background:white;
3       padding-left:35px;
4       padding-bottom:100px;
5   }
6   .tableTap{
7       width:330px;
8       margin:20px 0;
9       padding:20px 0;
10  }
```

第3步　对"账号登录"4个字的样式进行设置，对"注册账号"4个字的样式进行设置。代码如下：

```
1   .tableTap h3 {
2       font-size:24px;
3       color:#ff687e;
4       font-weight:normal;
5       line-height:30px;
6   }
7   .tableTap a {
8       color:#06c;
9       font-size:20px;
10      line-height:30px;
11  }
```

第4步　给"注册账号"4个字设置hover样式，当鼠标滑上去之后，字体的颜色改变。代码如下：

```
1   .tableTap a:hover {
2       color:#f60;
3   line-height:30px;
4   }
```

第5步　对账号输入框和密码输入框进行样式设置，包括宽高、背景、边框、行高、边距以及定位的设置。代码如下：

```css
1   .tableItem {
2       position:relative;
3       z-index:100;
4       height:24px;
5       margin-bottom:10px;
6       padding:14px 18px;
7       border:1px solid #dedede;
8       background:#FFF;
9       line-height:24px;
10      width:316px;
11  }
```

第6步　引入账号输入框左侧的小人图片,并对宽高进行设置,将标签转为行块级,以及对背景图片进行不重复设置。代码如下:

```css
1   .userHead {
2       width:24px;
3       height:24px;
4       display:inline-block;
5       background:url("../img/userHead.png") no-repeat;
6       vertical-align:middle;
7   }
```

第7步　引入密码输入框左侧的小锁图片,并对宽高进行设置,将标签转为行块级,以及对背景图片进行不重复设置。代码如下:

```css
1   .userLock {
2       width:24px;
3       height:24px;
4       display:inline-block;
5       background:url("../img/lock.png") no-repeat;
6       vertical-align:middle;
7   }
```

第8步　对账号输入框和密码输入框的宽高、行高、字体样式的大小、右内边距以及对齐方式进行设置。代码如下:

```css
1   .tableItem input {
2       width:230px;
3       height:24px;
4       padding-left:20px;
5       line-height:24px;
6       vertical-align:middle;
```

```
7      font-family:"Microsoft YaHei";
8      font-size:14px;
9  }
```

第9步 对"自动登录"和"忘记密码"的宽度、位置进行设置。代码如下：

```
1  .tableAuto {
2      padding-top:4px;
3      margin:0 0 14px;
4      width:316px;
5  }
```

第10步 对"自动登录"和"忘记密码"的字体颜色进行设置。代码如下：

```
1  .tableAuto a {
2      color:#999;
3  }
```

第11步 对复选框的宽高、边框、对齐方式以及边距等进行设置。代码如下：

```
1  .loadGiet {
2      width:14px;
3      height:14px;
4      display:inline-block;
5      margin-right:10px;
6      border:1px solid #999;
7      vertical-align:middle;
8  }
```

第12步 对登录按钮的宽高、背景颜色、字体样式、字体大小、字体颜色、行高以及边框的圆角进行设置。代码如下：

```
1   .tableBtn {
2       width:330px;
3       height:52px;
4       border-radius:3px;
5       background:#ff687e;
6       font-size:16px;
7       color:#fff;
8       font-family:"Microsoft YaHei";
9       line-height:52px;
10  }
```

底部区结构代码

使用无序列表ul创建一个包含"简体、繁体、English、常见问题"的列表,下面的版权信息用p标签展示,其中的图片使用img标签链接引入。代码如下:

```
1   <div class="footer">
2     <ul id="list" class="clearfix">
3       <li class="fl"><a>简体 </a>|</li>
4       <li class="fl"><a>繁体 </a>|</li>
5       <li class="fl"><a>English</a>|</li>
6       <li class="fl"><a>常见问题 </a></li>
7     </ul>
8     <p class="nf-intro">趣码科技公司版权所有
9       <img src="./img/ghs.png"/>－京ICP备京ICP备18048693号
10    </p>
11  </div>
```

底部区样式美化代码

对底部区域的宽高、字体颜色、行高以及对齐方式等进行设置。代码如下:

```
1   .footer {
2       background:#fff;
3       width:100%;
4       height:32px;
5       color:black;
6       line-height:32px;
7       letter-spacing:1px;
8       text-align:center;
9   }
10  #list{
11      width:200px;
12      margin:0 auto;
13  }
```

通关秘籍

1. form标签:用来创建表单元素。

2. 表单标签input的主要type如下:

text:文本输入框　　　　　password:密码框　　　　　radio:单选按钮

> checkbox:复选框　　　　submit:提交按钮
>
> **3.** 常用表单属性:size、maxlength、checked、selected、disabled。

大显身手

转动编程大脑

1. 创建一个用户反馈表单,如图7-18所示。
2. 编写代码,完成如图7-19所示的注册页面。

图7-18　用户反馈表单

图7-19　趣码注册页面

第8章

大显身手——显示与隐藏

8.1　display与visibility

知识目标

1. 熟练掌握visibility的概念。
2. 学会使用visibility属性，知道它的主要应用场景。
3. 了解display与visibility的区别，在使用中学会区分。

指点迷津

display与visibility的概念

在科幻电影中，我们经常会看到有的人具有隐身功能，穿上隐身衣之后别人就看不见他们了。在CSS世界里也有隐身衣，这是通过display或visibility实现的。

display与visibility的属性值

display与visibility的属性值如表8-1、表8-2所示。

表8-1　display属性值

属性值	描述
display:none	元素隐藏
display:block	元素显示

表8-2　visibility属性值

属性值	描述
visibility:hidden	元素隐藏
visibility:visible	元素显示

display与visibility的区别

下面通过一个示例来了解display和visibility的区别。

```
<div style="display:none;width:50px;height:50px;margin:10px;background:red">
div1</div>
<div style="display:block;width:50px;height:50px;margin:10px;background:red"
>div2</div>
<div style="visibility:hidden;width:50px;height:50px;margin:10px;background:red
">div3</div>
<div style="visibility:visible;width:50px;height:50px;margin:10px;background:red"
>div4</div>
```

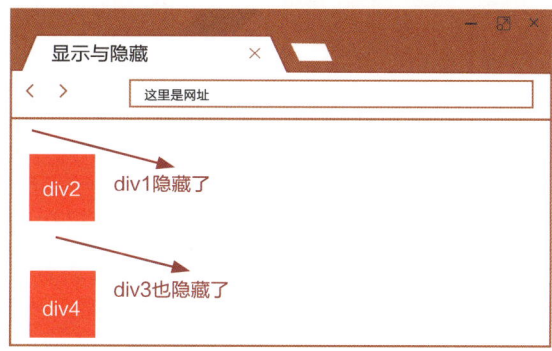

图8-1　显示与隐藏效果图

在代码中有设置div1~div4共4个盒子,但从图8-1可以看出,div1和div3盒子并没有展示在浏览器中。分析上述代码可知:

1. 代码中分别给div盒子设置了宽高各50px,背景颜色为红色,外边距为10px。

2. div1设置了样式display:none后,div1被隐藏了。

3. div3设置了样式visibility:hidden后,div3被隐藏了,但是给div3设置的高度50px和上下margin各10px的格式却被保留了。

通过以上的分析,可以得出结论:

display:none使元素在页面中彻底消失,而且不占位。visibility:hidden只是让元素看不见,但依旧存在,因此会占位。

通关秘籍

1. display:none隐藏,使元素在页面彻底消失,并不会占位。

display:block显示,但block同时又具有转为块级元素的作用,被设置block属性值的元素，显示的同时也被转为块级元素。

2. visibility:hidden 隐藏，元素虽然被隐藏了，但它仍然占据原来所在的位置，并没有消失。visibility:visible 显示，使被visibility隐藏的元素显示出来。

3. display与visibility的区别：
display:none 隐藏元素后不占位，visibility:hidden 隐藏元素后依旧占位。
display:block 显示元素同时转为块级元素，visibility:visible 仅仅显示元素。

大显身手

转动编程大脑
在前面讲述的图8-1及相关代码内容的基础上，设置鼠标悬停在div2时，上面空白处显示出div1内容，并且整体布局不改变。（宽高自定义）

8.2 opacity（不透明度）

知识目标

1. 熟练掌握opacity的概念。
2. 了解opacity的应用。

指点迷津

opacity的概念

opacity：不透明度。
透明度0%表示不透明，100%表示完全透明。那么，不透明度与此相反，不透明度0%表示完全透明，100%表示不透明。（opacity的值为0到1）

opacity的应用

下面通过图8-2的核心代码及效果图来分析opacity在页面中的展示效果。

```
<div style="opacity:1;width:50px;height:50px;margin:10px;background:red">div1</div>

<div style="opacity:0.75;width:50px;height:50px;margin:10px;background:red">div2</div>

<div style="opacity:0.5;width:50px;height:50px;margin:10px;background:red">div3</div>
<div style="opacity:0.25;width:50px;height:50px;margin:10px;background:red">div4</div>

<div style="opacity:0;width:50px;height:50px;margin:10px;background:red">div5</div>

<div style="opacity:1;width:50px;height:50px;margin:10px;background:red">div6</div>
```

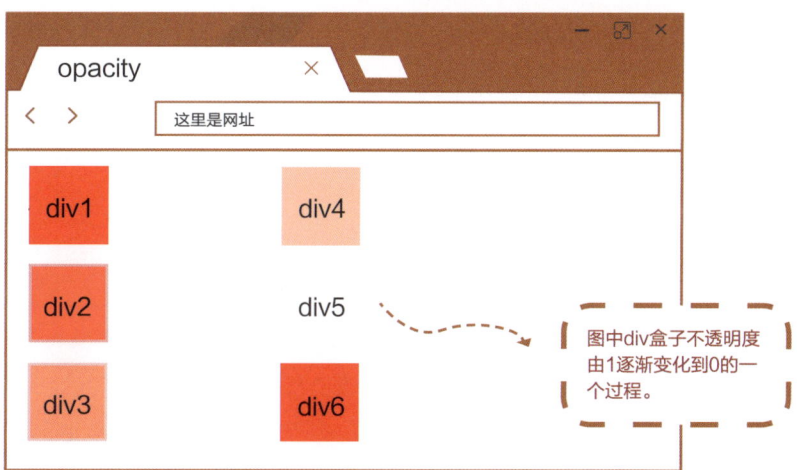

图8-2 不透明度的应用示例

分析上述代码可知：

1. 代码中将opacity属性值每次降低0.25，从1降到了0。根据opacity属性值的变化，div盒子透明度也在变化，div1到div4盒子的颜色不断变浅，而到div5盒子时在浏览器中已经看不见盒子的颜色了。

2. 如果opacity的值设置为0，那么在浏览器中就会看不到，实现了隐藏的效果，但是元素本身仍然是占位的。

通关秘籍

opacity是不透明度，为了不与透明度混淆。我们只要记住，属性值是从0（完全透明）到1（完全不透明）进行设置的，并且可以接受小数点，例如0.25。注意opacity是占位的，哪怕完全透明，也只是看不见，但还是占据着自己的位置。

大显身手

一、编程基本功

1.（填空题）opacity表示_____。

2.（填空题）opacity属性值的取值范围为_____。

3.（判断题）opacity属性值为1表示完全透明。　　　　　　（　　）

4.（判断题）opacity是指不透明度。　　　　　　　　　　（　　）

二、转动编程大脑

编写代码，实现div1到div6从上往下依次层叠排列，如图8-3所示。

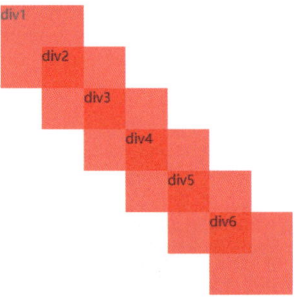

图8-3　层叠排列效果图

第 9 章
感受 2D 变换与过渡效果

9.1 transition（过渡）

知识目标

1. 熟练掌握transition概念。
2. 了解transition的使用。

指点迷津

transition可以给变化中的元素添加过渡效果。

如果一个元素添加hover后改变其宽度的效果，那么当鼠标滑入元素时，元素的宽度是瞬间进行改变的。而添加了transition属性后，会给这个变化过程添加一个过渡效果，并可以控制变化完成时间。transition属性需要添加在要发生变化的元素上，禁止加在伪类选择器中。transition有多个分支属性，详见表9-1。

表9-1 transition 分支属性

属性	描述
transition	简写属性，用于在一个属性中设置4个过渡属性
transition-property	规定应用过渡的CSS属性的名称
transition-duration	定义过渡效果花费的时间，默认为0
transition-timing-function	规定过渡效果的时间曲线，默认为"ease"
transition-delay	规定过渡效果何时开始，默认为0

- transition-property：过渡的CSS属性的名称。

transition-property规定应用过渡的CSS属性名称。例如，只想让width变化时，那么属性值就为width。不过在实际应用中，基本都是使用all（全部），绝大部分属性值为数值的CSS属性都可以实现过渡效果。

- transition-duration：过渡时间。

transition-duration规定完成过渡动画所需要的时间，属性值为数字，单位为s（秒）。

- transition-timing-function：过渡速率曲线。

transition-timing-function 规定过渡效果运动速率曲线，可以改变过渡动画速度曲线，默认为 ease，属性值见表 9-2。

表9-2 过渡速率曲线属性值

属性值	描述
linear	从开始至结束规定以相同速度完成过渡效果
ease	规定以慢速开始，然后变快，然后慢速结束过渡效果
ease-in	以慢速开始的过渡效果
ease-out	以慢速结束的过渡效果
ease-in-out	以慢速开始和结束的过渡效果

● transition-delay：过渡开始时间。

transition-delay 规定过渡效果何时开始，属性值为数字，单位为 s（秒）。例如当给元素添加 hover 后，delay 设置为 3s，表示鼠标滑上去 3 秒后才开始变化。

在实际项目使用中，transition 通常会使用简写。语法与示例如下：

> 语法：transition:CSS名称 过渡时间 运动曲线 开始时间
> 示例：transition：all 2s linear 3s

示例表示给所有的 CSS 属性添加过渡效果，过渡时间为 2 秒，过渡效果为匀速运动，3 秒后开始。

transition 效果如图 9-1 所示，实现当鼠标移动到 div 盒子上时，盒子的宽度发生变化。

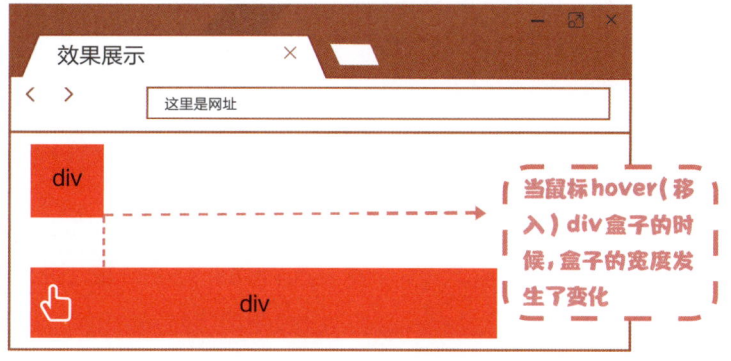

图9-1 鼠标hover后div样式示例

如图 9-1 所示，当鼠标移到 div 时，div 盒子的宽度由 50px 变成了 300px。

为了实现上图效果，具体操作步骤如下：

第1步 编写HTML结构。代码如下：

```
<div></div>
```

第2步 编写CSS代码。代码如下：

```
div{
    width:50px;height:50px;background:red;
    transition:width 3s;
}
```

在CSS代码中设置div盒子的宽高各为50px，背景颜色为红色。代码transition表示给div盒子的width加上过渡效果，在3s后达到效果。

第3步 还需要设置当鼠标移入div盒子时，width宽度达到300px。代码如下：

```
div:hover{width:300px}
```

整体合并起来看：当鼠标hover（移入）div盒子时，div盒子会发生一个宽度由50px到300px变化的过渡效果。

通关秘籍

1. transition通常只会使用简写形式，其语法为：

transition：CSS属性的名称 过渡时间 运动曲线 开始时间。

属性值之间用空格隔开。其中CSS属性的名称与过渡时间必须存在，否则无法实现过渡效果。

2. 元素想要实现过渡效果，必须与伪类选择器配合使用，但需要注意transition要加在发生变化的元素身上，禁止加在伪类选择器中。

3. 在实际项目中，transition-property的属性值通常使用all，这样方便同时给多个属性添加过渡效果。

大显身手

一、编程基本功

1.（填空题）transition 的概念为_____。
2.（填空题）transition 必须存在的属性值为_____。
3.（判断题）transition 的属性值可以不写过渡时间。（　　）
4.（判断题）transition 的属性值必须要有一个 CSS 属性的名称。（　　）

二、转动编程大脑

编写代码，实现鼠标移入 div 时，div 的宽高均从 100px 变为 300px，过渡时间为 3 秒。

9.2 transform（变换）

知识目标

1. 掌握 transform 的使用。
2. 认识 transform 的特殊性。

指点迷津

transform 是一个 CSS 属性，英文意思是"变换"，在 CSS 里面也是"变换"的意思。**它会使元素发生缩放、旋转、平移等变换效果，且不占位、不影响其他元素的排列、不会改变盒模型内的属性。** 常用属性值如表 9-3 所示。

表 9-3　transform 属性值

属性值	描述
rotate()	旋转
scale()	放大缩小
translate()	平移

旋转（rotate）

元素以自身为中心点进行旋转，旋转方向与旋转角度由"rotate()"括号里的数值决定。括号里的数值表示旋转角度，允许是负值，负值表示逆时针，正值表示顺时针，单位为deg。语法与示例如下：

语法：transform:rotate（数字）;　　　　　示例：transform:rotate（-180deg）;

rotate()效果如图9-2所示。粉色边框是最开始的样子，在CSS中加入rotate（45deg）后，方块顺时针旋转45度后形成黄色正方形。

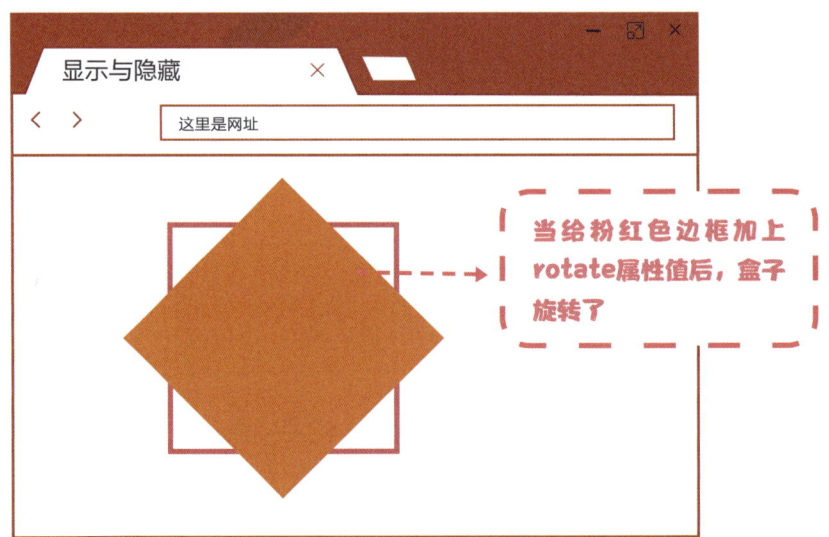

图9-2　旋转效果图

缩放（scale）

缩放的概念及语法

元素以自身为中心点进行缩放，缩放大小由"scale()"括号里的数字决定，数字只能是正数。数字大小表示缩放倍数，值为1表示保持原样不变，大于1表示放大，小于1表示缩小，数值可以是小数但不能为负数。

语法与示例如下：

语法：transform:scale（数值）;　　　　　示例：transform:scale（0.5）;

若给4个盒子分别设置放大缩小效果,如图9-3所示。

在图9-3中,scale()的括号里为一个值时,X轴和Y轴同比例缩放。黄色小方块是本身大小(即括号内的数值为1),红色小方块表示缩小了50%,绿色以及蓝色大方块则分别放大了1.5倍和2倍。

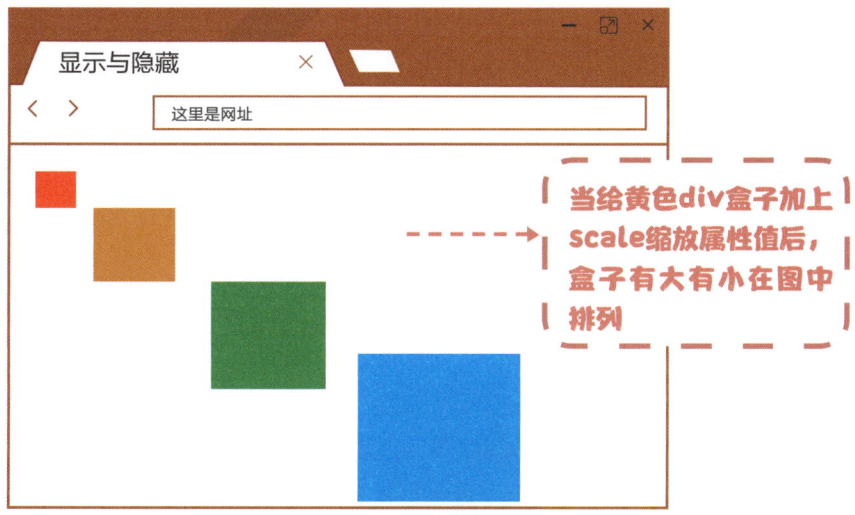

图9-3 缩放效果图

缩放元素的占位问题

元素设置transform:scale(数值)时,在页面会显示放大或缩小效果,但是被放大的部分不占位。

scale()未放大与放大的效果如图9-4与9-5所示。

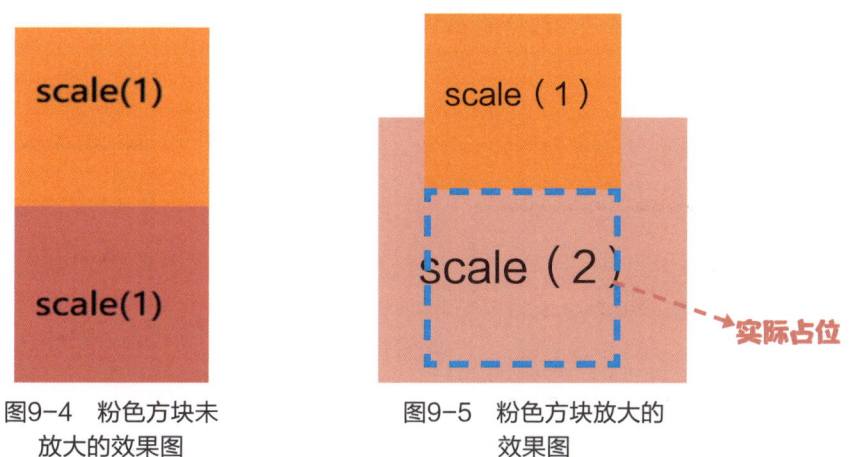

图9-4 粉色方块未放大的效果图　　图9-5 粉色方块放大的效果图

图9-4所示是元素未放大的效果。图9-5中,下方粉色方块放大为2倍,为了方便观察,给粉色方块设置了不透明度"opacity:0.6"。

粉色方块是设置transform:scale(2)后实现的放大2倍的效果,详见下方代码。橙色盒子和粉色盒子出现了覆盖关系,这说明被放大的元素不会挤占其他元素。图中蓝色虚线框表示的是放大元素的实际占位。

```
div {
    width:200px;
    height:200px;
    opacity:0.6;
    transform:scale(2);
    background:pink;
}
```

scale的参数

scale(X轴缩放,Y轴缩放)括号内可以填2个值,第1个值以X轴进行缩放(水平缩放),第2个值以Y轴进行缩放(垂直缩放),之间用逗号隔开。

如果只填一个值,则表示X、Y轴同时缩放,可以理解为等比例缩放,非等比例缩放会导致元素变形。

单独设置一个方向的缩放,如scaleX()表示只以X轴缩放,效果如图9-6所示。

图9-6中的粉色方块是原黑色边框方块加入属性scaleX(2)后的样子,X轴方向方块变长了,字体也被横向拉伸变形,而Y轴方向并没有变长。

如图9-7所示,粉色方块是原黑色边框方块添加了scaleY(2)属性后的样子,可以看到Y轴方向变长,文字也被纵向拉伸变形,而X轴方向上没变化。

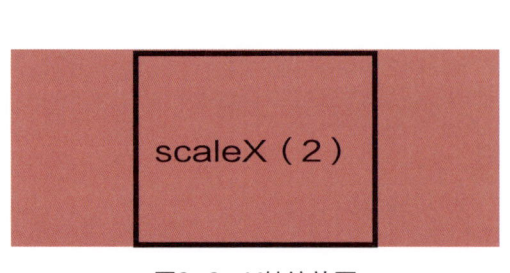

图9-6　X轴缩放图

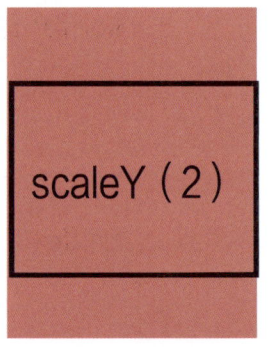

图9-7　Y轴缩放图

平移（translate）

translate（X 轴平移,Y 轴平移）可以使元素平移，但不会挤开其他元素，X 和 Y 值为数字，单位为 px。

数字可以是负数，X 轴以 left（左边）属性为基准，正数为向右平移，负数为向左平移。Y 轴以 top（上方）属性为基准，正数为向下平移，负数为向上平移。

translate (-20px,-50px) 效果如图 9-8 所示。

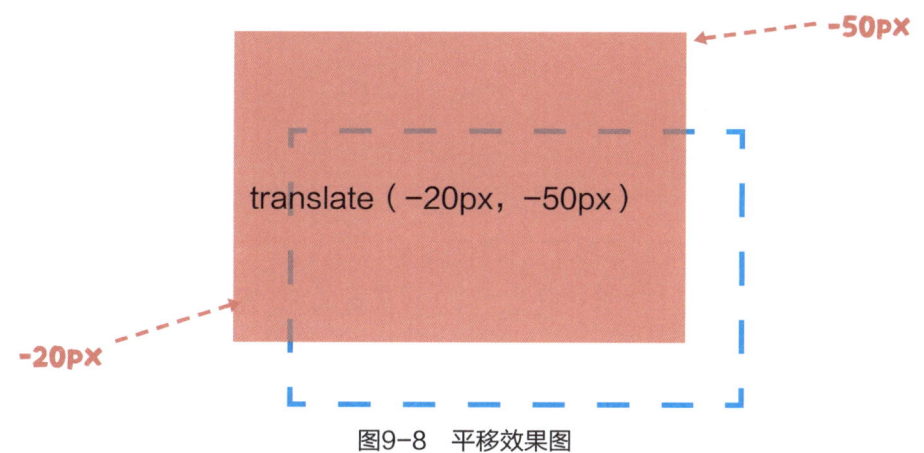

图9-8 平移效果图

在图 9-8 中，方块沿 X 轴向左移动 20px，沿 Y 轴向上移动 50px。需要注意的是：translate 并不会影响到其他元素的排列。

可以单独设置一个方向的平移：

translateX ()：X 轴平移。

translateY ()：Y 轴平移。

translateZ ()：Z 轴平移（3D 空间中使用，暂不涉及）。

通关秘籍

1. transform 属性可以控制元素的旋转、缩放、平移，且不占位、不会改变盒模型属性，如果想同时设置多个属性值，属性值之间用空格隔开。它有 3 个常用属性值。

2. rotate(数值)：使元素旋转，若逆时针旋转，数值为负数；若顺时针旋转，数值为正数，单位为 deg。

3. scale（X 轴,Y 轴）：使元素缩放，数值1代表元素本身大小，大于1表示放大，小于1表示缩小，数值没有单位，允许出现一位小数。

4. translate（X 轴,Y 轴）：使元素位移，X 轴以 left（左边）属性为基准，正数表示向右移动，负数表示向左移动。Y 轴以 top（上方）属性为基准，正数表示向下移动，负数表示向上移动。

大显身手

一、编程基本功

1.（填空题）旋转用_____属性；缩放用_____属性；平移用_____属性。

2.（判断题）scale 属性值为0.5意思是缩小50%。　　　　　　　　　　（　　）

3.（判断题）translateX 属性值为 -100px 意思是向左平移100px。　　（　　）

二、转动编程大脑

编写代码，实现鼠标 hover 到一个 div 盒子上的时候，让它以过渡的效果旋转180°、放大2倍、向右平移50px。

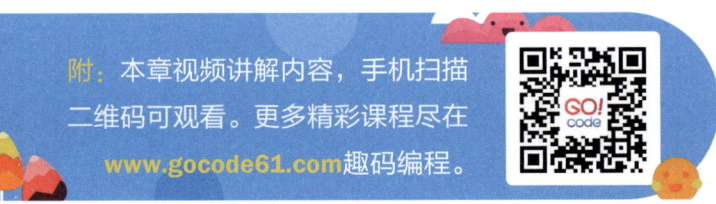

第10章

浮动的奥秘

10.1 认识浮动

知识目标

1. 了解 HTML 文档流。
2. 初步认识浮动和掌握浮动的属性。

指点迷津

HTML文档流介绍

HTML 页面的标准文档流（默认布局）是：从上到下，从左到右，遇块（块级元素）换行。

观察图 10-1，在搭建 HTML 结构的时候，行级元素是在一行显示的，比如 a 标签、span 标签。在浏览器解析中，对这些标签的排版顺序默认**是从左到右，水平排列**。还有块级元素，它在浏览器中，默认为**从上到下，垂直排列**。

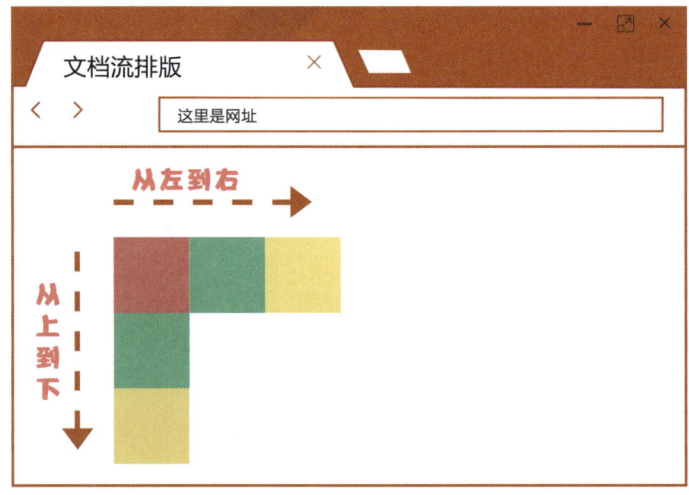

图10-1　正常文档流排版

什么是浮动？

平常理解的浮动就如同树叶漂浮在水面上，船在水面上移动。

在HTML里的浮动，就是浮动的元素脱离正常文档流向左或向右移动，直到它的外边缘碰到浏览器窗口（如图10-2）或另一个浮动元素的边框为止。

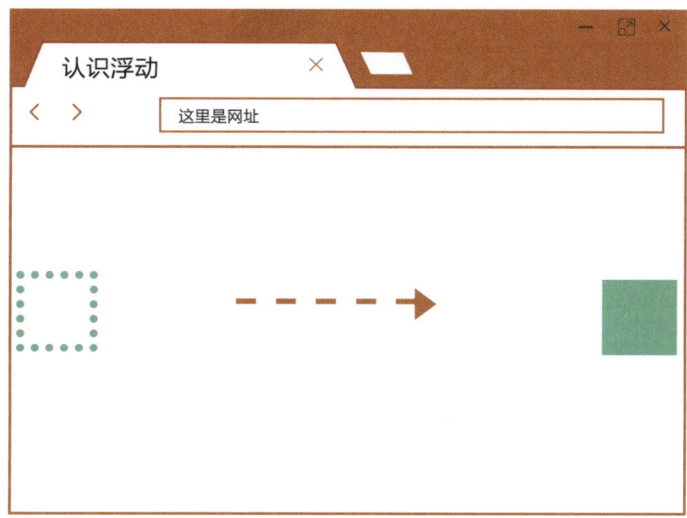

图10-2 元素移动

工程师的思考

怎么才能实现图10-2中，小方块从左边跑到右边呢？小工程师们开动脑筋，想一想。

老师，可以用margin值，把小方块从左边移动到右边。

可是用margin还要去测量距离，会不会太麻烦了呢？只要用浮动，一步就可以搞定了！接下来，就跟着老师去认识浮动属性跟它的常用布局吧！

好的，老师，请带我们一起去解开浮动的奥秘吧！

浮动属性介绍

浮动有3个属性值,如下表所示。大家需要掌握的就是left跟right这2个属性值,是不是很简单呢?但是就这2个简单的属性值,就可以让页面发生翻天覆地的变化。在下一节会详细介绍浮动属性值带来的变化。

浮动属性值

属性值	描述
float : none	默认值
float : left	元素向左浮动
float : right	元素向右浮动

10.2 浮动的应用

知识目标

1. 掌握左浮动和右浮动。
2. 学会用浮动布局。
3. 了解相邻元素浮动时的状态。

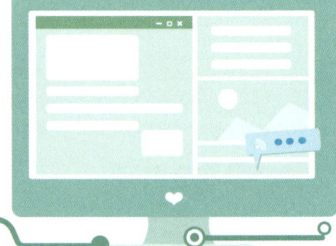

指点迷津

元素向左浮动

float:left 可以让元素向<u>左边移动</u>,实现水平布局。

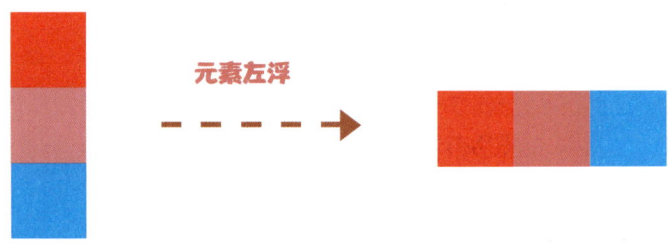

图10-3 布局转换

💡 想一想：如何实现图 10-3 中的布局呢？

在 HTML 页面中，页面实现水平布局，除了可以使用 "display:inline-block"，转成行块元素外，"float:left" 向左浮动也可以实现水平布局。

具体步骤如下：

第1步　完成 HTML 的页面搭建。代码如下：

```
<div id="box1">box1</div>
<div id="box2">box2</div>
<div id="box3">box3</div>
```

第2步　用标签选择器给所有盒子设置宽高。代码如下：

```
div { width:100px; height:100px; }
```

第3步　给盒子分别设置背景颜色。代码如下：

```
#box1{ background:red; }
#box2{ background:pink; }
#box3{ background:blue; }
```

第4步　给所有元素添加上 float:left 属性。代码如下：

```
#box1{ background:red; float:left; }
#box2{ background:pink;float:left; }
#box3{ background:blue;float:left; }
```

代码运行结果如图 10-4 所示。

图10-4　正方形水平布局图

元素向右浮动

"float:right" 可以让元素向右边移动，实现左右布局。

💡 想一想：如何实现图 10-5 的布局方式？

图10-5　左右布局图

在网页中，要想实现元素的左右布局，需要给元素分别加上"float:left"和"float:right"属性。

第1步　HTML的页面搭建。代码如下：

```
<div id="box1">box1</div>
<div id="box2">box2</div>
```

第2步　盒子宽高背景的设置。代码如下：

```
#box1{ width:100px; height:100px; background:red; }
#box2{ width:100px; height:100px;background:pink; }
```

第3步　给盒子分别添加上浮动。代码如下：

```
#box1{ width:100px;height:100px;
       background:red;float:left; }
#box2{ width:100px;height:100px;
       background:pink;float:right;}
```

这样就可以在页面中实现左右布局。

相邻元素含有float属性

💡 想一想：如果相邻的元素（如图10-6）都设置了浮动会是什么效果呢？

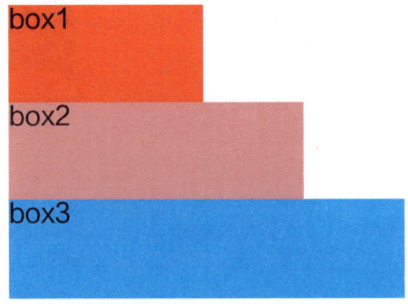

图10-6　正常页面布局

- 给3个box元素都添加"float:left"属性。

当浏览器宽度"足够长"时,实现的效果如图10-7所示。

图10-7　浏览器宽度足够时的效果图

当浏览器宽度"不够长"时,实现的效果如图10-8所示。

图10-8　浏览器宽度不足时的效果图

- 给3个box元素都添加"float:right"属性。

当浏览器宽度"足够长"时,实现的效果如图10-9所示。

图10-9　浏览器宽度足够时的效果图

当浏览器宽度"不够长"时,实现的效果如图10-10所示。

图10-10　浏览器宽度不足时的效果图

对比一下可以得出结论:

1. 相邻的浮动元素,运用left属性后,最前面的元素,排在最左面。

2. 相邻的浮动元素,运用right属性后,最前面的元素,排在最右面。

3. 成为浮动元素后,在浮动层拥有内联元素的特性,当多个浮动元素排列不下时,自动换行。

👆 通关秘籍

1. float:left/right 可用于所有元素。
2. 若浮动元素从文档流中删除，依然影响布局。
3. 浮动元素的外边距不会合并。
4. 不论该元素本身是行级元素或块级元素，浮动元素都会生成一个块级框。
5. 浮动元素不会导致元素间重叠、覆盖。
6. 浮动元素不能超出其包含元素的边界。若超出，会自动下移到另一行。
7. 后浮动元素不会超过先浮动元素。

10.3 清除浮动带来的影响

知识目标

1. 认识浮动带来的影响。
2. 掌握清除浮动影响的方法。

👆 指点迷津

浮动会让元素脱离正常的文档流，不占据页面空间。同时也会给周边元素带来影响，会使行级元素转化为块级元素。

💡 **想一想**：如何实现如图 10-11 所示布局，上方蓝框表示导航区域，下方红框表示内容区域，导航部分为 2 个块左右浮动？

图10-11　页面布局图

如果添加了浮动，页面布局能正常实现吗？

给导航区的红蓝方块加上浮动后，会导致元素上浮，脱离文档流。内容区域的元素会挤上来，跟导航区元素发生重叠，不能实现所需要的布局。

若想实现如图10-11的页面布局。首先，需要搭建页面结构。代码如下：

```
<div id="nav">
    <div id="left">左边区域</div>
    <div id="right">右边区域</div>
</div>
<div id="con"></div>
```

然后，再添加上CSS样式。代码如下：

```
#left{width:500px;height:100px;background:red;float:left;}

#right{width:500px;height:100px;background:blue;float:left;}

#con{width:1000px;height:400px;background:pink;}
```

代码运行结果如图10-12所示。

图10-12　浮动影响布局图

观察图10-12可以发现给元素添加浮动后,导航区会跟内容区发生重叠。清除浮动带来的影响,需要用到以下3种方法。

- 给元素的父级设置一个高度。代码如下:

```
#nav{height:100px;}
```

优点:代码量少。

缺点:不够灵活。

- 给父级元素添加overflow属性。代码如下:

```
#nav{overflow:hidden;}
```

优点:代码量少。

缺点:内容较多时未换行的文字会被隐藏,无法显示溢出元素。不推荐使用。

- 给父级元素添加一个class名称,并且添加样式。代码如下:

```
.clearfix{zoom:1;}
.clearfix:after{content:" ";display:block;clear:both; }
```

优点:结构和语义正确,没有多余的标签,不会产生新的问题。

缺点:复用方式不当会造成代码量增多。

以上3种方法都可以清除浮动带来的影响,实现正常布局。但是建议大家使用第3种方法。

项目创新大通关

若要实现图10-13的模块展示,应该如何完成呢?

提示:先观察照片在同一行显示,用的是行级标签还是浮动布局?

1. 如图10-13所示,狗狗的照片跟名字分为上下两部分,需要用一个div标签去包裹;

2. div属于块级标签,用浮动布局实现。

图10-13 样例图

具体步骤如下：

第1步 搭建 HTML 结构，div 里面包裹图片跟文字。代码如下：

```html
<body>
  <div class="photo"><img src="img/pic1.jpg"/><p>金毛宝宝</p></div>
  <div class="photo"><img src="img/pic2.jpg"/><p>萨摩宝宝</p></div>
  <div class="photo"><img src="img/pic3.jpg"/><p>哈士奇宝宝</p></div>
  <div class="photo"><img src="img/pic4.jpg"/><p>秋田宝宝</p></div>
  <div class="photo"><img src="img/pic5.jpg"/><p>柴犬宝宝</p></div>
  <div class="photo"><img src="img/pic6.jpg"/><p>八哥宝宝</p></div>
</body>
```

第2步 添加背景图片。代码如下：

```css
body{margin:0;background:url(img/bg12.jpg);background-size:100% 100%;}
```

第3步 设置 div 样式，添加背景颜色跟浮动。代码如下：

```css
.photo{float:left;margin:100px 45px;background:#fff;text-align:center;}
```

第4步 设置图片大小和 div 的 padding 值。代码如下：

```css
.photo img{width:150px;height:150px;padding:10px;}
```

完整的核心代码如下：

```html
<html>
 <head>
  <style>
   html,body{width:100%;height:100%;}
   body{margin:0;background:url(img/bg12.jpg);background-size:100% 100%;}
   .photo{float:left;margin:100px 45px;background:#fff;text-align:center;}
   .photo img{width:150px;height:150px;padding:10px;}
   p{margin:0;}
  </style>
 </head>
 <body>
   <div class="photo"><img src="img/pic1.jpg"/><p>金毛宝宝</p></div>
   <div class="photo"><img src="img/pic2.jpg"/><p>萨摩宝宝</p></div>
   <div class="photo"><img src="img/pic3.jpg"/><p>哈士奇宝宝</p></div>
   <div class="photo"><img src="img/pic4.jpg"/><p>秋田宝宝</p></div>
   <div class="photo"><img src="img/pic5.jpg"/><p>柴犬宝宝</p></div>
   <div class="photo"><img src="img/pic6.jpg"/><p>八哥宝宝</p></div>
 </body>
</html>
```

通过以上设置，运行代码后就可实现图10-13的效果啦！大家可以自己动手操作试一试！

通关秘籍

1. 元素浮动后会脱离文档流，会给周边元素带来影响，也会使浮动元素变成块级元素。

2. 清除浮动影响的3个方法：

（1）给父级盒添加高度。

（2）给父级盒添加overflow属性。

（3）使用伪类选择器:after（在元素之后添加内容），添加样式，达到清除浮动的效果。

👉 大显身手

一、编程基本功

1.（单选题）下列哪个不是浮动的属性？（　　）

A.float:left

B.float:right

C.float:none

D.position:fixed

2.（单选题）标准文档流是（　　）的排版方式。

A. 从下到上

B. 从右到左

C. 从上到下

D. 随机排版

3.（简答题）简单说一下对浮动的理解。

4.（简答题）请简述清除浮动影响的3种方法。

二、转动编程大脑

1.编写代码，实现如图10-14所示，图文混排的布局。

Skyscraper (skyscraper), also known as super high-rise building, is a very high multi-storey building. Originally a building of one or twenty stories, but now it usually means a tall building of more than forty or fifty stories. With the development of high-rise buildings in different parts of the world, the definition of skyscraper height is also slightly different.

摩天大楼（skyscraper）又称为超高层大楼，非常高的多层建筑物。起初为一二十层的建筑，但是现在通常指超过四十层或五十层的高楼大厦。随着高层建筑在各地不同的发展，人们所认知的摩天大楼定义高度也略为不同。

图10-14　图文混排

2.编写代码,完成图10-15中的布局。

图10-15　趣码网站底部简化布局

第11章

自由掌控——定位

11.1 认识定位

知识目标

1. 初步认识定位的概念。
2. 掌握定位的4个属性。

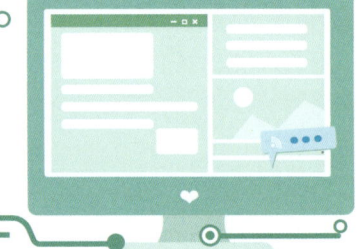

指点迷津

什么是定位？

生活中，我们如果去看电影，电影票上的几排几号就决定了我们要坐的位置，这就是定位。

HTML 中的定位，可以用来决定元素在页面中的位置。

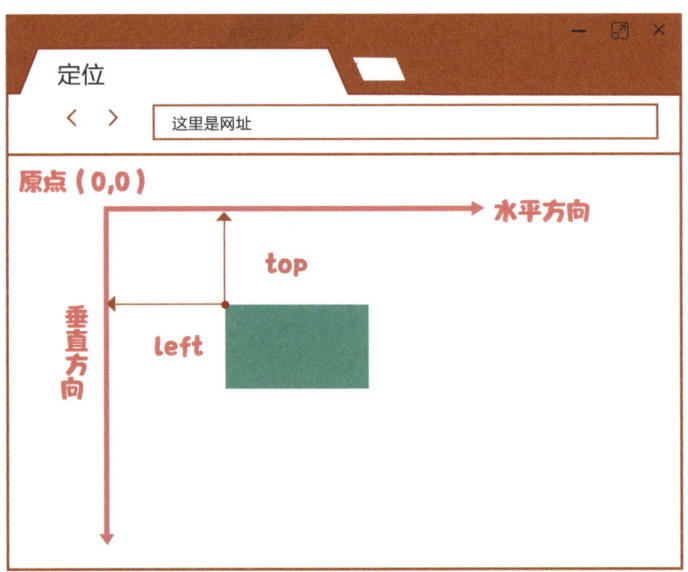

图11-1　元素位置分析

观察图11-1，可以发现，定位就是把HTML页面当作一个数轴，元素相对于原点进行位置的移动。所有的定位元素都是基于左上角，用left、top、right 跟 bottom 4个

第11章 自由掌控——定位

值进行上下左右的移动,来到达想要的位置。

定位属性介绍

定位有4个属性值,如下表所示,在定位的应用介绍中,会详细解释这些定位属性的作用。先来认识一下这些属性吧!

定位属性及描述

属性	描述
position : static	静态定位
position : absolute	绝对定位
position : relative	相对定位
position : fixed	固定定位

11.2 定位的运用

知识目标

1. 能区分常见网页布局中哪些地方使用了定位。
2. 掌握相对定位,绝对定位和固定定位。
3. 锚点与固定定位的搭配使用。

指点迷津

相对定位

先来认识相对定位,position:relative。相对定位的元素不会脱离HTML页面的文档流,其相对于元素正常位置进行移动。

💡 **想一想**:如图11-2所示,3个小方块垂直排列着。如何让中间的粉色小方块发生移动,而其他方块不动呢?

195

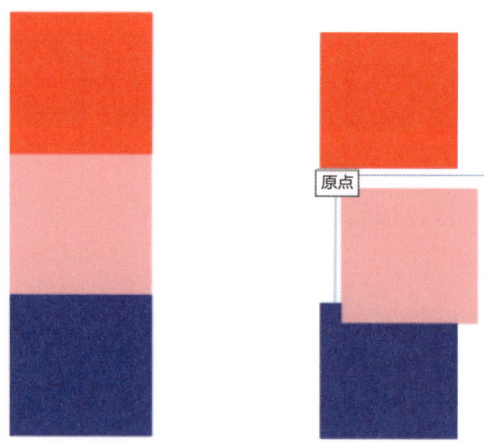

图11-2　定位变形图

让粉色小方块发生移动，代码如下：

```
#box2{width:200px;height:200px;
      background:pink;
      position:relative;
      left:30px;
      top:30px;                                }
```

在代码中，给粉红色小方块添加了相对定位，移动后小方块的左边距离原点30px，上边距离原点30px。

绝对定位

绝对定位的元素会脱离文档流，不占据页面空间，从而进行移动。

绝对定位元素的位置相对于最近已定位的父级元素进行定位，如果元素没有已定位的父级元素，那么它的位置相对于body标签进行定位。

💡 **想一想**：如图11-3所示，怎样才能让粉色小方块移动到红色大方块的中间位置呢？

图11-3　方块重叠

实现正方形覆盖，代码如下：

```
#box1{width:200px;height:200px;
      background:red;
      position:relative;            }
#box2{width:100px;height:100px;
      background:pink;
      position:absolute;
      left:50px;
      top:50px;                     }
```

在代码中，给红色大正方形box1添加了相对定位，粉色小正方形box2添加了绝对定位。这样box1就会相对于父级元素box2进行定位。

固定定位

固定定位是元素脱离文档流，固定在浏览器某个确定的位置，不会随滚动条的移动而变化。固定定位的位置是<u>相对于当前浏览器窗口的</u>。

💡 **想一想**：如图11-4所示，如何让方块固定在页面中，不会随右侧滚动条滚动而消失？

图11-4　固定定位

实现方块在页面中固定，代码如下：

```
div{
    width:200px;height:200px;
    background:red;
    position:fixed;left:300px;
}
```

添加完固定定位后,小方块就会固定在页面上。不管浏览器怎么滑动,小方块的位置不变。

- left + top:相对于左上顶点进行位移。
- right + bottom:相对于右下顶点进行位移。
- right + top:相对于右上顶点进行位移。
- left + bottom:相对于左下顶点进行位移。

神奇的锚点

若一艘船在某个位置进行停靠,就会抛下船锚进行固定。锚点就和船锚一样,放在一个位置就可作为定位,通过链接可以跳转到锚点位置。

图11-5　锚点跳转示意图

实现如图11-5所示的一个简单的锚点跳转,步骤与代码分析如下:

第1步　搭建HTML结构,为了更好地看到效果,给body设置高度为2000px,这样页面右侧会出现浏览器滚动条。

```html
<body style="height:2000px">
  <div id="box"></div>
  <a href="#box">回到红色方块</a>
</body>
```

第2步　让a标签定位到浏览器的右下角,添加div标签的CSS样式。

```css
a{position:fixed;
  left:10px;
  bottom:10px;
}
#box{ width:100px;
      height:100px;
      background:red;
}
```

在使用锚点的时候要注意，a标签的href属性，跟所需要跳转区域的id需要对应，不然就无法实现页面跳转的效果了。

定位的综合运用

运用所学的知识，实现如图11-6的布局。

图11-6　效果图

如图11-6所示，除正常的排版外，在2个地方用到了定位，一个是"10月"文字，还有一个是"10月"的整体（文字和背景红色框图）需要定位在图片上。这里用到了相对定位和固定定位。

搭建HTML的结构，步骤分析如下：

第1步　总体分为上面的图片部分跟下面的文字排版部分。代码如下：

```
<div class="wrap">
    <div class="pic"></div>
    <ul class="text">
      <li></li>
      <li></li>
      <li></li>
    </ul>
</div>
```

第2步　上面部分有一个背景图片和右上方的一个月份展示图片，在class名为pic的div标签中加上这2项内容。代码如下：

```html
<div class="pic">
    <img src="images/tran-pic_03.jpg" alt=""/>
    <div class="times">
    <img src="images/picTime.png" alt=""/>
    <span>10月</span>
    </div>
</div>
```

第3步 下面文字部分，可在ul标签里加上文字，完成HTML的结构。代码如下：

```html
<ul class="txt">
    <li><a href="#"><span>九寨沟</span>
    －色彩正绚烂，变幻莫测的秋季彩林。</a></li>
    <li><a href="#"><span>尼泊尔</span>
    －色彩正绚烂，变幻莫测的秋季彩林。</a></li>
    <li><a href="#"><span>九寨沟</span>
    －色彩正绚烂，变幻莫测的秋季彩林。</a></li>
</ul>
```

添加CSS样式，步骤分析如下：

第1步 给包裹盒wrap加上样式。代码如下：

```css
.wrap{ width:320px; margin:14px auto 0;}
```

第2步 给图片盒子设置一个相对定位。代码如下：

```css
.wrap .pic{position:relative; }
```

第3步 再给时间盒子还有"10月"文字设置绝对定位和样式。代码如下：

```css
.wrap .times{
        position:absolute;right:13px;top:6px;
        height:55px;font:bold 20px/41px "微软雅黑";
        color:#fff;text-align:center;
}
.wrap .times span{ position:absolute; left:7px;top:0; }
```

第4步 最后给下面部分的文字分别设置样式，就完成了。代码如下：

```css
.wrap .txt{
    padding:7px 15px 9px;
```

```
    border:1px solid #f0efee;
}
.wrap .txt a{
    font:12px/24px "宋体";
    color:#666;
}
.wrap .txt a span{
    color:#0084bb;
}
```

在定位中，要记住一句口诀，父相子绝，父元素是相对定位，子元素使用绝对定位。就可以完成想要的效果了。

项目创新大通关

想一想：如何实现图11-7中的文字跟数字位置的排版呢？

1. 分析结构，文字数字样式不同，所以需要用不同的标签进行包裹。

2. 在背景的div标签中加上position:relative。

3. 在文字、数字包裹的标签中加上position:absolute。

图11-7　效果图

第1步　搭建HTML结构。代码如下：

```
<div class="notUsed">
<div><span>满</span> <em>1000</em> <span class="jian">减</span> <em class="fifty">50</em></div>
<b>2017-12-09到期 </b>
<i>未使用 </i>
</div>
```

第2步　添加背景图片。代码如下：

```
.notUsed{
    width:230px;
    height:80px;
    background:url(../images/img_Coupons_xiao_wei.png);
}
```

第3步 给最外面的.notUsed添加相对定位。代码如下:

```
.notUsed{
    position:relative;
}
```

第4步 设置文字样式,并添加绝对定位。代码如下:

```
.notUsed span {
    .position:absolute;
    .font:15px/17px "微软雅黑";
    .color:#545454;
}
 em{
     position:absolute;
     font:26px/32px "微软雅黑";
}
em{
    font-size:22px;
}
 .notUsed em{
    color:#e64769;
}
 .expired em{
    color:#3b3b3b;
}
 .used em{
    color:#2076f2;
}
b{
    position:absolute;
    font:12px/14px "微软雅黑";
    color:#999;
}
i{
    position:absolute;
    width:15px;
    font:15px/21px "微软雅黑";
    color:#fff;
}
```

第5步 分别用left、top调整文字在背景图上的位置。代码如下:

```
.notUsed span {
    .top:15px;
    .left:62px;
}
```

```css
span.jian{
    top:22px;
    left:143px;
}
 em{
     top:15px;
     left:85px;
     }
 em.fifty{
    left:160px;
}
 b{
   top:47px;
   left:89px;
}
 i{
   top:8px;
   left:206px;
   }
```

最后，完整的核心代码如下：

HTML 代码：

```html
<div class="notUsed">
<div><span>满</span> <em>1000</em> <span class="jian">减</span> <em class="fifty">50</em></div>
<b>2017-12-09到期 </b>
<i>未使用 </i>
</div>
```

CSS 代码：

```css
.notUsed{
    position:relative;
    .width:230px;
    .height:80px;
    .background:url(../images/img_Coupons_xiao_wei.png);
}
.notUsed span {
    .position:absolute;
    .top:15px;
    .left:62px;
    .font:15px/17px "微软雅黑";
    .color:#545454;
}
```

```css
span.jian{
    top:22px;
    left:143px;
}
em{
    position:absolute;
    top:15px;
    left:85px;
    font:26px/32px "微软雅黑";
}
em.fifty{
    left:160px;
}
em{
    font-size:22px;
}
.notUsed em{
    color:#e64769;
}
.expired em{
    color:#3b3b3b;
}
.used em{
    color:#2076f2;
}
b{
    position:absolute;
    top:47px;
    left:89px;
    font:12px/14px "微软雅黑";
    color:#999;
}
i{
    position:absolute;
    top:8px;
    left:206px;
    width:15px;
    font:15px/21px "微软雅黑";
    color:#fff;
}
```

通关秘籍

1. position:relative 是相对定位，需要牢记：

    它不影响元素本身的特性。

    它不会使元素脱离文档流。

    如果没有定位偏移量，对元素本身没有任何影响。

    定位元素位置用 top/right/bottom/left 4 个值来控制定位元素偏移量。

2. position:absolute 是绝对定位，需要牢记：

    它使元素完全脱离文档流。

    它使内嵌支持宽高。

    块属性标签内容撑开宽度。

    绝对定位元素的参照物是：离它最近的且设置了 position 值为 absolute、relative、fixed 之一的先祖元素，如果没有这样的先祖元素作为参照物，其默认参照物为 body 标签。

    相对定位一般配合绝对定位使用。

3. position:fixed 是固定定位，需要注意：

    与绝对定位的特性基本一致，差别是固定定位始终相对整个浏览器进行定位。

大显身手

一、编程基本功

1.（单选题）下列属性中，哪个是定位的属性？（　　）

A.float:left　　　　　　　　　　B.text-align:center

C.position:fixed　　　　　　　　D.background

2.（单选题）下列说法正确的是（　　）。

A.固定定位一般配合相对定位使用　　B.固定定位一般配合绝对定位使用

C.绝对定位一般配合相对定位使用　　D.相对定位一般配合绝对定位使用

3.（填空题）常用定位分为：_____定位、_____定位、_____定位3种。

4.（简答题）说说自己理解的定位是什么。

二、转动编程大脑

编写代码,实现图11-8中固定定位的布局。

图11-8　登录界面

课后习题答案

第1章 探索HTML之美

● 1.1 认识第一个朋友——HTML的概念

编程基本功

1. B　　　　2. B　　　　3. B

4. HTML的作用就是用标记标签来描述网页，将网页内容在浏览器中展示出来。

● 1.2 HTML的骨架结构

一、编程基本功

1. B　　　　2. A　　　　3. A　　　　4. AD

5. 本节学习了VS Code编辑器。VS Code编辑器有2种方式可以生成HTML基本结构：

（1）先输入html:5，再按下Tab键生成基本结构。

（2）先输入"!"，再按下Tab键生成基本结构。注意需在英文输入法下输入感叹号。

二、转动编程大脑

```
<html>
    <head>
        <title>姓名</title>
    </head>
    <body>
        我叫xxx，我今年x岁了，现在上x年级了，我的爱好是……，
        我最喜欢的学科是……（自我介绍内容可以自由发挥）
    </body>
</html>
```

● 1.3 初识标签

编程基本功

1. C　　　　2. B　　　　3. A

4. 标签的嵌套关系。例如：<head><title></title></head>

　标签的并列关系。例如：<head></head>
　　　　　　　　　　　　<body></body>

5.标签语义化的优点非常多,最主要的是使代码结构清楚明了,易于阅读。比如,p是英文单词"paragraph"(意为"段落")的首字母,故用p标签展示段落内容。

第2章 HTML的宝藏——常用标签

2.1 排版标签

一、编程基本功

(1) p标签是段落标签,语法:\<p\>段落中的内容\</p\>。用p标签包裹的内容默认是一个单独的段落。

(2) br标签是换行标签,语法:\<br/\>。它是一个单标签,如果希望某段文本强制换行显示,就需要使用换行标签\<br/\>。

(3) hr标签是水平线标签,语法:\<hr/\>。它是一个单标签,在浏览器解析中会呈现一条水平线。

二、转动编程大脑

完整代码如下:

```
<!DOCTYPE html>
<html lang="en">
<head>
  <meta charset="UTF-8">
  <meta name="viewport" content="width=device-width, initial-scale=1.0">
  <meta http-equiv="X-UA-Compatible" content="ie=edge">
  <title>今日新闻</title>
</head>
<body>
<h3>学校周边道路车流大今天出门注意避高峰</h3>
<p>2018年09月03日07:02<br/>来源:北京青年报</p>
<hr/>
<p>本报讯(记者 杨柳)今天是学校开学后的第一个上课日。据交管部门介绍,早7时后,各主干道车流量将会明显上升。东西部二三四环路的南向北方向,京藏、京承、京港澳等高速路以及莲石路、建国路、阜石路、京顺路等道路的进京方向会出现车多排队情况。</p>
<p>据介绍,在上学高峰时段,东二环广渠门桥区、北四环中关村桥区、西三环航天桥区、西四环正阳桥区、万泉河快速路以及平安大街、天秀路、玉渊潭南路、玉泉路、永定路等校园周边道路车多通行缓慢。8时15分之后,学校门前道路的交通状况会明显好转。</p>
```

```
<p>同时东西二环北段、长安街及其延长线、东直门外大街等道路,将全天实施分时、分段
临时交通管理措施。3日上午,长安街及其延长线、东二环、北二环、北中轴路、北辰路、北
辰西路等道路的管制措施较为频繁。对上述道路以及相邻的东单、西单、崇文门、工体、国
贸、燕莎等周边区域道路社会交通产生较大影响,建议市民尽量选择公共交通方式出行。
</p>
</body>
</html>
```

注:此段代码中的h3标签为标题标签,在后面讲解中会有相关介绍。

● 2.2　字体标签

编程基本功

1. B　　　　　　2. B　　　　　　3. B

4.在网页中表示着重强调可以使用粗体标签和斜体标签。

粗体效果的标签有strong标签和b标签。

b标签传达给浏览器的意思就是加粗,没有任何其他作用;而strong标签强调文档的逻辑,搜索引擎更重视strong标签的内容。

斜体效果的标签有em标签和i标签。i标签传达给浏览器的意思就是斜体显示,没有任何其他作用;而em标签表示包裹的内容是需要强调的内容,搜索引擎更重视em标签的内容。

W3C标准推荐使用strong标签表示加粗、使用em标签表示斜体效果。

● 2.3　列表标签

一、编程基本功

1.列表标签有3种:

(1)无序列表标签,由ul标签和li标签构成。一对<li></li>标签表示一个列表项,列表项之间是同级关系,ul标签与li标签之间是嵌套关系。

(2)有序列表标签,由ol标签和li标签构成。一对<li></li>标签表示一个列表项,默认每一个列表项前面有数字展示,表示先后顺序。

(3)自定义列表标签,由dl标签、dt标签和dd标签构成。自定义列表标签常用于对术语或名词进行解释和描述,列表项前没有任何项目符号。

2. 有序列表标签和无序列表标签的不同点:

(1)前缀不同。有序列表标签是有顺序的,因此在页面显示中,默认情况下以阿拉伯数字进行展示，即第一个li标签内容在页面中的前缀为1，以此类推。无序列表标签是没有先后顺序的，每一项都是并列关系，因此在页面显示中，默认情况下每一项前面都会有一个小黑圆点。

（2）应用频率不同。在实际应用中，经常使用的是无序列表标签，很少使用有序列表标签。

二、转动编程大脑

1. 完整代码如下：

```html
<!DOCTYPE html>
<html lang="en">
<head>
  <meta charset="UTF-8">
  <meta name="viewport" content="width=device-width, initial-scale=1.0">
  <meta http-equiv="X-UA-Compatible" content="ie=edge">
  <title>Document</title>
</head>
<body>
    <ul>
        <li><strong>微信充值送优惠：买加油卡，钱却归了完美？</strong></li>
        <li>每日优鲜完成4.5亿美元融资  腾讯领投</li>
        <li>喜马拉雅明年IPO：付费音频收入占一半</li>
        <li>不搬掉阿里，上市或许就是美团辉煌的顶点</li>
        <li>谷歌CEO抛售公司股票  套现1190万美元</li>
    </ul>
    <hr/>
    <ul>
        <li><strong>滴滴顺风车：共享标兵到女客杀手的三年蜕变</strong></li>
        <li>链家融资闹乌龙：腾讯没参投20亿美元</li>
        <li>苹果手表"圆形"表盘图曝光！ 13日发布</li>
        <li>京东会员超1000万，都是"三高"群体</li>
        <li>腾讯永辉上线卫星仓  能否对标盒马鲜生？</li>
    </ul>
</body>
</html>
```

2. 完整代码如下：

```
<!DOCTYPE html>
<html lang="en">
<head>
  <meta charset="UTF-8">
  <meta name="viewport" content="width=device-width, initial-scale=1.0">
  <meta http-equiv="X-UA-Compatible" content="ie=edge">
  <title>Document</title>
</head>
<body>
<dl>
    <dt>购物指南</dt>
    <dd>购物流程</dd>
    <dd>会员介绍</dd>
    <dd>生活旅行</dd>
    <dd>常见问题</dd>
    <dd>大家电</dd>
    <dd>联系客服</dd>
</dl>
</body>
</html>
```

2.4 图形标签

一、编程基本功

1. B 2. B 3. C
4. B 5. D

二、转动编程大脑

完整代码如下：

```
<!DOCTYPE html>
<html lang="en">
<head>
  <meta charset="UTF-8">
  <meta name="viewport" content="width=device-width, initial-scale=1.0">
  <meta http-equiv="X-UA-Compatible" content="ie=edge">
  <title>Document</title>
</head>
<body>
    <h3>热门课程</h3>
    <hr/>
```

```
    <img src="../images/gjdw.jpg" alt="国家电网考试" title="中公教育——国家电网考
试"/>
    <p>2019国家电网第一批招聘面试 </p>
    <img src="../images/jszgz.png" alt="教师资格证考试" title="中公教育——教师资
格证考试"/>
    <p>2019教师资格证笔试直播课 </p>
  </body>
</html>
```

● 2.5　a标签

一、编程基本功

1. C　　　　　2. C　　　　　3. C　　　　　4. D

二、转动编程大脑

完整代码如下：

```
<!DOCTYPE html>
<html lang="en">
<head>
  <meta charset="UTF-8">
  <meta name="viewport" content="width=device-width, initial-scale=1.0">
  <meta http-equiv="X-UA-Compatible" content="ie=edge">
  <title>静夜思 </title>
</head>
<body>
  <header>
     <p><h1>静夜思 </h1></p>
     <p><h2>唐 <a href="https://baike.baidu.com/item/李白/1043?fr=aladdin">李白 </a></h2></p>
  </header>
  <em>床前 </em><b>明月 </b><i>光 </i><sup>①</sup>,<br/>
  <span>疑是地上霜 </span><sub>②</sub>。<br/>
  <strong>举头 </strong>望明月 <sup>③</sup>,<br/>
  低头思故乡 <sub>④</sub>。<br/>
  <img src="timg.gif" alt="静夜思">
  <small>本页面是由小工程师完成 </small>
</body>
</html>
```

注：此段代码的span标签为行级标签，在后面讲解中会有相关介绍。

2.6　div标签与span标签

编程基本功

1. AD

2. 网页拆分时要注意3个原则：先上下、后左右、遵循一像素原则（具体每一个原则对应的解释见本节知识点讲解）。

3. div标签与span标签的区别：div标签和span标签都是没有语义的标签，他们的区别在于span是行级元素，可以与其他元素位于同一行；而div是块级元素，不能与其他元素处于同一行。

第3章　宝藏的钥匙——CSS

3.1　认识CSS

编程基本功

1. C　　　　2. B　　　　3. C　　　　4. √

5. 行内样式、内联样式、外部样式。

3.2　CSS布局与选择器

一、编程基本功

1. C　　　　2. D　　　　3. ×　　　　4. ×

5. class　外边距　内边距　背景

二、转动编程大脑

完整代码如下：

```
<!DOCTYPE html>
<html lang="en">
<head>
  <meta charset="UTF-8">
  <title>Document</title>
<style>
  .box{
    width:100px;
    height:100px;
    background:red;
    padding:20px;
    margin:10px;
```

```
        border:5px solid green;
    }
</style>
</head>
<body>
    <div class="box"></div>
</body>
</html>
```

● 3.3　CSS选择器进阶

一、编程基本功

1. D　　　　2. B　　　　3. ×　　　　4. √

5. 逗号　空格

二、转动编程大脑

CSS样式代码如下：

```
<style>
    h2 p{
        width:100px;
        height:100px;
        background:red;
    }
    div span{
        color:green;
    }
</style>
```

第4章　字体与文本

● 4.1　字体操作属性

一、编程基本功

1. B　　　　2. C　　　　3. √　　　　4. √

5. font-size　font-family

6. font-style控制字体样式，font-size控制字体大小，font-family控制字体类型，font-weight控制字体粗细。

二、转动编程大脑

代码如下：

```
font:bold 15px 微软雅黑;
```

● 4.2　文本操作属性

一、编程基本功

1. B　　　　　　2. A　　　　　　3. ×　　　　　　4. √

5. line-height、text-align:center;

6. text-decoration:underline;

二、转动编程大脑

第 1 种方法，代码如下：

```
width:70px;
height:10px;
background-color:red;
padding:45px 65px;
color:white;
```

第 2 种方法，代码如下：

```
width:200px;
height:100px;
background-color:red;
color:white;
text-align:center;
line-height:100px;
```

第5章　盒模型与行块元素

● 5.1　盒模型与行块元素的概念

编程基本功

1. C　　　　　　2. CD　　　　　3. ×　　　　　　4. ×

5.2 行块元素转换

一、编程基本功

1. width　height　margin-top　margin-bottom　padding-top　padding-bottom

2. display:inline;　display:block;　display:inline-block;

二、转动编程大脑

HTML结构代码：

```html
<div>
    <img src="../red.png">
    <p>红河马</p>
</div>
<div>
    <img src="../blue.png">
    <p>蓝河马</p>
</div>
```

CSS样式代码：

```css
<style>
    div{
        display:inline-block;
        width:290px;
        height:290px;
        border:3px solid pink;
        margin-right:20px;
        text-align:center;
    }
    div img{
        padding-top:30px;
        width:100px;
    }
</style>
```

第6章　整齐的道路——表格

6.1 网页中的表格

编程基本功

1. C

2. table tr td
3. rowspan colspan
4. 表格由table标签来定义。每个表格均有若干行（由tr标签定义），每行被分割为若干单元格（由td标签定义）。字母td指表格数据（table data），即数据单元格的内容。数据单元格可以包含文字、图片、段落、表格、表单等内容。

6.2 表格的综合应用

转动编程大脑

核心代码如下：

```html
<table border="1">
    <tr>
        <th>第1行第1列</th>
        <th>第1行第2列</th>
        <th>第1行第3列</th>
    </tr>
    <tr>
        <td>第2行第1列</td>
        <td>第2行第2列</td>
        <td>第2行第3列</td>
    </tr>
    <tr>
        <td>第3行第1列</td>
        <td>第3行第2列</td>
        <td>第3行第3列</td>
    </tr>
</table>
```

第7章 重要城市——表单

7.2 表单中的常用标签

编程基本功

1. C 2. C 3. D
4. D 5. C

7.4 表单的应用

转动编程大脑

1.核心代码如下：

```html
<form action="">
    <h1>用户反馈表单</h1>
    <p>姓　名
    <input type="text" size=12
     maxlength = "20" name = "usr_name"/></p>
    <p>性　别：
    <input type="radio" name="male" value="male"/>男
    <input type="radio" name="female" value="female"/>女 </p>
    <p>年　龄：
    <input type="text" name="age" value=""/>
    </p>
    <p>联系电话：
    <input type="text"  name="tel" value=""/>
    </p>
    <p>电子邮件：
       <input type="text"  name="mail" value=""/>
    </p>
    <p>联系地址：
       <input type="text"   name="adr" value=""/>
    </p>
    <p>请输入您对网站的建议:<br/>
        <textarea name="yourworks" clos = "50" rows = "5" value=""></textarea>
    </p>
    <p>
        <input type="submit" name="submit" value="提交"/>
        <input type="reset" name="reset" value="清除"/>
    </p>
</form>
```

2.页面布局分析：

（1）从页面的拆分原则来看，本页面为上下结构，布局也要遵循这个规则。

（2）"国家/地区"输入框是一个下拉列表，列表内容为国家名称，默认选择中国。

（3）"手机号码"前面的"+86"也是一个下拉列表，后面接的是一个文本输入框，输入电话号码。

（4）"立即注册"是一个提交按钮。

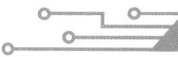

结构代码如下：

```html
<div class="entirety">
  <div class="qumalogo">
    <a href="/quma/index.HTML"> <img src="../img/logo.png"/></a>
  </div>
  <div class="main1 main2">
    <h3 class="tit-quma">注册趣码账号 </h3>
    <div class="z-main">
      <h5 class="c-country">国家/地区 </h5>
      <div class="r-box">
        <div class="r-box-m">
          <p class="r-box-m-w">中国 </p>
          <i class="select"></i>
        </div>
      </div>
      <div class="explain">成功注册账号后，国家/地区将不能进行修改 </div>
      <h4 class="phone-e">手机号码 </h4>
      <div class="phone-m">
        <div class="phone-b1 phone-b2 phone-b3">
          <p class="phone-h">+86</p>
          <i class="select2"></i>
        </div>
      </div>
      <div class="input-b">
        <input type="hidden" class="input-bm" name="region" value="CN"/>
        <label class="label-b" for>
          <input type="tel" class="word" name="phone" data-type="PH" placeholder="请输入手机号码 "/>
        </label>
      </div>
      <div class="submit">
        <input class="submit-1"  type="submit" value="立即注册"/>
      </div>
    </div>
    <div class="footer-1">
      <label class="footer-1-m">
        <i class="select3"></i>
        注册账号即表示您同意并愿意遵守趣码
        <a class="agreement-t">用户协议 </a>和
        <a class="agreement-y">隐私政策 </a>
      </label>
    </div>
    <div class="footer-m">
      <div class="s-language">简体    | 繁体    | English   | 常见问题 </div>
    </div>
    <p class="nf-intro">
```

```html
    <span>趣码科技公司版权所有－京ICP备18048693号</span>
  </p>
 </div>
</div>
```

样式代码如下：

```css
<style>
body {
   overflow-y:auto;
}
html, body {
  height:100%;
}
body {
   background:#f9f9f9;
   color:#666;
}
body {
   font-size:14px;
   font-family:arial,"Hiragino Sans GB", "Microsoft YaHei";
}
.qumalogo {
   width:220px;
   height:80px;
   margin:0 auto;
   display:block;
   cursor:default;
}
h3.tit-quma{
   font-size:30px;
   font-weight:normal;
   color:#333;
   line-height:1;
   margin:5px;
   text-align:center;
}
.main2{
   padding-bottom:30px;
   border:none;
   border-radius:0;
   padding-top:0;
}
.main1{
   background:#fff;
   padding:34px 34px 0;
```

```
        min-height:200px;
        margin:0px;
    }
    .z-main{
        line-height:20px;
        width:332px;
        padding:5px 0;
        line-height:20px;
        margin:0 auto;
    }
    h5.c-country{
        font-size:15px;
        padding:0px 0;
        margin:0px;
        font-weight:normal;
    }
    .r-box{
        height:40px;
        padding-left:14px;
        line-height:40px;
        display:inline-block;
        vertical-align:middle;
        border:1px solid #e8e8e8;
        color:#555;
        cursor:pointer;
    }
    .r-box-m{
        float:left;
        width:315px;
        border-right:1px solid #e8e8e8;
        cursor:pointer;
    }
    p{
         margin:0;
        padding:0;
        display:block;
        -webkit-margin-before:1em;
        -webkit-margin-after:1em;
        -webkit-margin-start:0px;
        -webkit-margin-end:0px;
        line-height:90%;
    }
    .r-box-m-w{
        float:left;
    }
    .select{
```

```css
    float:right;
    background:url("../img/icon_user (1).png");
    width:16px;
    height:16px;
    margin:11px 15px 0 12px;
}
.explain{
    margin-top:10px;
    margin-bottom:15px;
}
h4.phone-e{
    padding-bottom:5px;
    color:#333;
    font-weight:normal;
    font-size:14px;
    margin:0px;
}
.phone-m{
    width:54px;
    text-align:center;
    padding:0 9px;
    height:40px;
    padding-left:10px;
    line-height:40px;
    display:inline-block;
    vertical-align:middle;
    border:1px solid #e8e8e8;
    color:#555;
    cursor:pointer;
    float:left;
}
.phone-b3{
    zoom:1;
}
p.phone-h{
    border-right:0 none;
    float:left;
    width:30px;
    border-right:1px solid #e8e8e8;
    cursor:pointer;
    margin:0;
    padding:0;
    line-height:40px;
}
i.select2{
    float:right;
```

```css
    margin:17px 0 0 10px;
    width:0;
    height:0;
    line-height:0;
    font-size:0;
    border-width:5px;
    border-style:solid;
    border-color:#9d9d9d transparent transparent transparent;
}
.input-b{
    float:right;
    padding-bottom:15px;
    width:255px;
}
.label-b{
    margin-left:-1px;
 position:relative;
    z-index:3;
    height:40px;
    line-height:40px;
    display:inline-block;
    border-image:initial;
    float:right;
    width:255px;
}
input.word{
    outline:#ff6700;
    width:255px;
    height:40px;
    border-width:0px;
}
.submit-1{
    background-color:#ff687e;
    margin-top:15px;
    color:rgb(255, 255, 255);
    border-width:1px;
    border-style:solid;
    border-color:rgba(186, 186, 186, 0.3);
    border-image:initial;
    width:330px;
    height:45px;
}
.select3{
    width:17px;
    height:17px;
    margin-right:5px;
```

```css
    margin-top:0px;
display:inline-block;
    vertical-align:middle;
    background:url("../img/icon_user (1).png");
    float:left;
}
.footer-1{
    text-align:center;
    padding:5px;
    margin:20px;
}
.footer-1-m{
    cursor:pointer;
    display:inline-block;
    padding:10px 0px;
}
.agreement-t{
    font-weight:bold;
}
.agreement-y{
    font-weight:bold;
}
.s-language{
    width:1250px;
    height:30px;
    line-height:40px;
    text-align:center;
    margin:20px;
}
.s-language-a{
    text-align:center;
}
li {
    width:80px;
    height:19px;
    margin:0;
    padding:0;
    list-style:none;
    border:0;
    text-align:center;
}
.nf-intro{
    text-align:center;
    margin:20px;
}
</style>
```

第8章 大显身手——显示与隐藏

8.1　display与visibility

转动编程大脑

让鼠标悬停在div2的时候上面空白处显示出div1，并且整体布局没有改变。核心代码如下：

```
<style>
#div3{
    width:100px;
}
#div1,#div2{
    width:100px;
    height:100px;
    background:red;
}
#div1{
    visibility:hidden;
}
#div3:hover #div1{
    visibility:visible;
}
</style>
</head>
<body>
    <div id="div3">
        <div id="div1">div1</div>
        <div id="div2">div2</div>
    </div>
</body>
```

8.2　opacity（不透明度）

一、编程基本功

1. 不透明度

2. 0~1

3. ×　　　　4. √

二、转动编程大脑

让div1到div6从上往下依次层叠排列。

结构代码如下:

```html
<body>
    <div id="box1">div1</div>
    <div id="box2">div2</div>
    <div id="box3">div3</div>
    <div id="box4">div4</div>
    <div id="box5">div5</div>
    <div id="box6">div6</div>
</body>
```

样式代码如下:

```html
<style>
    div{
        width:100px;
        height:100px;
        background:red;
        opacity:0.5;
    }
    #box2{
        margin-top:-50px;
        margin-left:50px;
    }
    #box3{
        margin-top:-50px;
        margin-left:100px;
    }
    #box4{
        margin-top:-50px;
        margin-left:150px;
    }
    #box5{
        margin-top:-50px;
        margin-left:200px;
    }
    #box6{
        margin-top:-50px;
        margin-left:250px;
    }
</style>
```

第9章 感受2D变换与过渡效果

9.1 transition（过渡）

一、编程基本功

1. 给元素添加过渡效果
2. CSS名称、过渡时间
3. ×   4. √

二、转动编程大脑

结构代码如下：

```html
<body>
  <div></div>
</body>
```

样式代码如下：

```html
<style>
  div{
    width:100px;
    height:100px;
    background:red;
    transition:width 3s, height 3s,background 3s;
  }
  div:hover{
    width:300px;
    height:300px;
    background:blue;
  }
</style>
```

9.2 transform（变换）

一、编程基本功

1. rotate() scale() translate()
2. √   3. √

二、转动编程大脑

结构代码如下:

```
<body>
  <div id="box">
    1234567890
  </div>
</body>
```

样式代码如下:

```
<style>
  div{
    width:200px;
    height:200px;
    line-height:200px;
    text-align:center;
    background:red;
    margin:200px auto;
    transition:all 2s;
  }
  div:hover{
    transform:rotate(180deg) scale(2) translate(50px)
  }
</style>
```

第10章 浮动的奥秘

● 10.3 清除浮动带来的影响

一、编程基本功

1. D 　　　　2. C

3. 平常理解的浮动可能是,树叶漂浮在水面上。在计算机里的浮动,浮动的框可以向左或向右移动,直到它的外边缘碰到包含框或另一个浮动框的边框为止。

4. 清除浮动影响的3种常用方式:

(1)给元素的父级设置一个高度。

(2)给父级元素加overflow属性。

(3)给父级元素添加一个class名称,并且添加如下样式:

　　.clearfix{ zoom:1;}

　　.clearfix:after{content:" ";display:block;clear:both;}

二、转动编程大脑

1. 实现图 10-17 图文混排的布局效果。

HTML 代码如下：

```html
<div class="wrap">
   <div class="boxL">
      <img src="./1.jpg" alt=" ">
   </div>
    <div>
        <p> Skyscraper (skyscraper), also known as super high-rise building, is a very high multi-storey building. Originally a building of one or twenty stories, but now it usually means a tall building of more than forty or fifty stories. With the development of high-rise buildings in different parts of the world, the definition of skyscraper height is also slightly different.</p>
        <p>摩天大楼（skyscraper）又称为超高层大楼，非常高的多层建筑物。起初为一二十层的建筑，但是现在通常指超过四十层或五十层的高楼大厦。随着高层建筑在各地不同的发展，人们所认知的摩天大楼定义高度也略为不同。</p>
    </div>
</div>
```

CSS 代码如下：

```css
.wrap{height:400px;}
img{width:200px;height:400px;}
.boxL{float:left;}
p{width:400px;
   font-size:22px;
   text-indent:44px;}
```

2. HTML 结构代码如下：

```html
<div class="footer">
    <div>
        <div class="inner">
           <div class="top  clearfix">
           <div class="footerLeft fl">
               <h3>关于我们</h3>
               <div class="clearfix">
                 <ul class="fl">
                    <li><a href="#">公司简介</a></li>
                    <li><a href="#">教学模式</a></li>
                    <li><a href="#">课程体系</a></li>
                 </ul>
                 <ul class="fl">
                    <li><a href="./foot_answer.html">常见问题</a></li>
```

```
            <li><a href="./foot_down.html">软件下载</a></li>
            <li><a href="#">联系客服</a></li>
          </ul>
        </div>
      </div>
      <div class="footerRight fr">
        </div>
      </div>
      <div class="bottom">
        <div class="line"></div>
        <div class="copyright">
          <p>Copyright © 2018, Beijing Gocode Technology Co., Ltd.北京趣码科技有限公司</p>
              <p>法律声明及隐私政策京ICP备<a href="http://www.miitbeian.gov.cn/">京ICP备18048693号</a></p>
        </div>
      </div>
    </div>
  </div>
</div>
```

CSS样式代码如下：

```
.footer{
    width:100%;
    padding-top:78px;
    background:#f7f7f7;
}
.footer>div{
    width:100%;
    height:287px;
    background:linear-gradient(#ff7a84,#e64769);
    background:-moz-linear-gradient(top,#ff7a84,#e64769);
     background:-webkit-gradient(linear, 0% 0%, 0% 100%,from(#ff7a84),to(#e64769));
}
.footer .inner{
    position:relative;
    height:287px;
    background:url(../images/img_xiaoma2.png) no-repeat left bottom;
    background-size:262px 177px;
}
 .footer .footerLeft{
    padding:44px 0 0 262px;
}
```

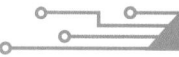

```css
.footer .footerLeft h3{
    font:24px/29px "微软雅黑";
    color:#fff;
    padding-bottom:15px;
}
.footer .footerLeft ul{
    padding-right:140px;
}
.footer .footerLeft li>a{
    display:block;
    font:16px/34px "微软雅黑";
    color:#fff;
}
.footer .footerLeft li>a:hover {
    color:#b52947;
}

.footer .footerRight{
    right:0;
    top:-60px;
    width:537px;
    height:300px;
    background:url(../images/img_xiaoma.png) no-repeat;
}

.footer .bottom{
    position:absolute;
    left:262px;
}
.footer .line{
    width:490px;
    height:1px;
    margin:21px 0;
    background:rgba(255,255,255,.2);
}
.footer .bottom .copyright p,.footer .bottom .copyright a{
    font:12px/18px "微软雅黑";
    color:#f7f7f7;
}
.footer .footerRight img{
    width:70px;
    height:70px;
}
```

第11章 自由掌控——定位

11.2 定位的运用

一、编程基本功

1.C　　　　　2.D

3.固定　绝对　相对

4.HTML中的定位，是用来决定元素位置的。

二、转动编程大脑

实现图11-8中固定定位的布局。

HTML代码：

```
<div class="wrap">
    <div class="login"><img src="02.png" alt=""/></div>
    <div class="con"></div>
</div>
```

CSS代码：

```
<style>
    .login{position:fixed;
        right:50px;
        bottom:50px;
    }
    .con{
        background:url("01.png");
    }
</style>
```